W0464542

Erhard Oeser

Katze und Mensch

Erhard Oeser

Katze und Mensch

Die Geschichte einer Beziehung

Wissenschaftliche Buchgesellschaft

Einbandgestaltung: Peter Lohse, Büttelborn
Einbandbild: Ein Albaner aus dem 18. Jahrhundert verfüttert Leber an Katzen.
© Leonard de Silva/Corbis

Der Autor hat sich bemüht, alle notwendigen Rechte für den Abdruck der Abbildungen einzuholen. Sollte es weitere Rechteinhaber geben, möchten sie sich bitte an den Autor wenden.

Die Deutsche Bibliothek verzeichnet diese Publikation
in der Deutschen Nationalbibliografie;
detaillierte bibliografische Daten sind im Internet über
http://dnb.ddb.de abrufbar.

Das Werk ist in allen seinen Teilen urheberrechtlich geschützt.
Jede Verwertung ist ohne Zustimmung des Verlages unzulässig.
Das gilt insbesondere für Vervielfältigungen,
Übersetzungen, Mikroverfilmungen und die Einspeicherung in
und Verarbeitung durch elektronische Systeme.

© 2005 by Wissenschaftliche Buchgesellschaft, Darmstadt
Gedruckt auf säurefreiem und alterungsbeständigem Papier
Printed in Germany

Besuchen Sie uns im Internet: www.wbg-darmstadt.de

ISBN 3-534-18244-8

Inhalt

Vorwort

Dieses Buch will kein Ratgeber sein, der angibt, wie man mit Katzen umgehen soll. Es will vielmehr zu einem besseren Verständnis für jenes Lebewesen verhelfen, das mehr und mehr zum privilegierten Haustier der Zukunft geworden ist, ohne dabei jemals wirklich gezähmt worden zu sein. Zum Verständnis der Katze gehört ja nicht nur die Kenntnis, wie man sie füttert und pflegt oder für Ausstellungen herausputzt, sondern auch das Wissen um die Geschichte ihrer wechselvollen Beziehung zum Menschen.

Die moderne Verhaltensforschung und Genetik haben zwar in letzter Zeit eine Reihe von Missverständnissen beseitigt, die das Leben der Katze mit dem Menschen sehr oft, und das vor allem im Mittelalter, zu einer wahren Hölle gemacht haben. Und trotzdem gibt es noch immer Katzenfeinde, die in ihr ein falsches und egoistisches Tier sehen, das keiner Liebe oder zumindest Dankbarkeit gegenüber ihrem Wohltäter, der ihr Nahrung, Wärme und Behaglichkeit gibt, fähig ist, sondern ihn bei erstbester Gelegenheit scheinbar kaltherzig verlässt. Nicht selten sind es die Hundebesitzer, die durch Vergleiche mit ihrem Lieblingstier zu einer derartigen Meinung über die Katzen gekommen sind. Demgegenüber steht die zum Teil überschwängliche Liebe der Katzenfreunde, die mitunter an den Katzenkult der alten Ägypter erinnert, weil sich bis heute noch die Vorstellung von geheimnisvollen magischen Kräften der Katze erhalten hat.

Warum gibt es diese Gegensätze in der Beziehung des Menschen zur Katze? Ein Hauptgrund dafür liegt sicher in dem manchmal rätselhaften und schwer verstehbaren, sich ganz plötzlich ändernden Verhalten der Katze, das von schnurrender Zärtlichkeit in absolute Gleichgültigkeit oder gar in Aggression umschlägt oder abrupt von freudiger Spiellust zu träger Faulheit wechselt. Rätselhaft ist es auch, warum Katzen ihren Menschen verlassen, während andere ihrem umgezogenen Besitzer oft über Hunderte von Kilometern nachfolgen, als ob sie telepathische Fähigkeiten besäßen.

Eine umfassende, die Ergebnisse der Verhaltensforschung einschließende Analyse der Höhen und Tiefen in der Beziehung von Katze und Mensch im Laufe ihrer tausendjährigen Geschichte kann zwar nicht alle diese Fragen beantworten, aber doch ein Licht auf die Seele der Katze werfen, die uns vielleicht für immer ein Geheimnis und Rätsel bleiben wird.

Wien, im Frühjahr 2004 Erhard Oeser

Einleitung

Die Katze ist ein Tier, das voller Überraschungen steckt. Kein anderes Tier hat eine so enge Beziehung zum Menschen entwickelt und sich gleichzeitig so viel Unabhängigkeit bewahrt. Dementsprechend wurde das Verhalten der Katze zum Menschen seit jeher höchst unterschiedlich bewertet. Während noch die große wissenschaftliche Autorität in Frankreich – Buffon – in der Katze ein falsches hinterlistiges Wesen sah, das im Unterschied zum treu ergebenen Hund nie seine Wildheit abgelegt hatte, verteidigten sie bereits die Zeitgenossen Darwins in Deutschland wie Reichenbach und Brehm vor diesen Vorwürfen.

Auch für die heutigen Verhaltensforscher führt die Katze ein Doppelleben. Beim Überqueren der Türschwelle geht mit ihr eine schlagartige Verwandlung vor sich: Aus der auf den Menschen bezogenen Hauskatze wird ein freies wildes Tier, wachsam und nicht auf fremde Hilfe angewiesen. Die Beziehung zwischen Katze und Mensch unterscheidet sich daher sehr von der zwischen Hund und Mensch. Während Hund und Mensch lange bevor der Mensch sesshaft wurde eine Überlebensgemeinschaft in der Wildnis bildeten, die eine bedingungslose Treue zum Rudel erfordert, ging die Katze viel später eine Bindung mit den Menschen ein. Erst als dieser in festen Behausungen wohnte und Vorräte anlegte, die vor Mäusen und Ratten geschützt werden mussten, wurde sie zum Haustier im wahrsten Sinn des Wortes. Aber niemals gehen Katzen in Rudeln auf die Jagd, weder mit den Menschen noch mit ihren Artgenossen. In der Freiheit verbringen Katzen einen Großteil ihres Tages damit, sich einzeln an ihre Beute anzuschleichen oder ihr aufzulauern.

Dieser artspezifische Unterschied im Verhalten von Hund und Katze ist nicht nur die Ursache für die sprichwörtlich gewordene Feindschaft zwischen „Hund und Katz“, sondern wird auch von den heutigen Verhaltensforschern als der Grund angesehen, warum Katzenliebhaber meist völlig anders sind als Hundefreunde. In überspitzter Form hat diesen Unterschied Desmond Morris ausgedrückt: „Künstler lieben Katzen, Soldaten Hunde“ (Morris 2000, S. 11).

Voller Überraschungen ist auch die wechselvolle Geschichte der Beziehung von Katze und Mensch. Im alten Ägypten war sie nicht nur der überaus nützliche Mäusefänger, sondern wurde auch als Gottheit verehrt. Die

Griechen und Römer wunderten sich zwar über diese maßlose Hochschätzung der Katze, anerkannten aber ihre Nützlichkeit. Im Nahen und im Fernen Osten, in der islamischen Welt und in China, waren Katzen äußerst beliebt. Bekannt war die große Zuneigung, die Mohammed für Katzen hegte, die im Unterschied zum Hund als reine Tiere galten.

Im Abendland dagegen war das finstere Mittelalter für die Katzen tatsächlich eine finstere Zeit. Sie führten zwar zunächst als zutrauliche Gefährten der Mönche und Eremiten ein friedliches Leben, gerieten aber bald in Verdacht, diese frommen Menschen vom Dienst an Gott abzulenken. In den Krallen der Inquisition waren die Katzen das Hauptziel der Anklagen gegen die Häretiker, die vom dogmatisch festgelegten Glauben abgewichen waren. Sogar der christlichen Militärorden der Templer wurde verdächtigt, die Katze als Wiedergeburt des Teufels vergöttert zu haben. Die Verteufelung der Katze erreichte ihren Höhepunkt in den Hexenjagden, die im 14. Jahrhundert begannen und erst im 17. Jahrhundert endeten.

Nachdem die Katzen im christlichen Europa jahrhundertelang geschunden, gekreuzigt, bei lebendigem Leib verbrannt, totgeschlagen oder aus den Luken der Kirchtürme geworfen wurden, setzte in der Neuzeit unvermutet ein sagenhafter Aufstieg der Katzen in der Gunst der Menschen ein. Als Kirchen- und Klosterkatzen wurden sie genauso nützliche Helfer gegen die Ratten- und Mäuseplage wie in den Postämtern, wo ihnen sogar für ihre Leistungen Gehälter ausgezahlt wurden.

Seefahrernationen, wie die Italiener und Engländer, erkannten die unersetzliche Bedeutung der Katze gegen die Rattenplage. Kein Schiff durfte auslaufen, ohne eine Katze vorweisen zu können. Admiral Nelson sorgte sogar höchstpersönlich für das Wohl seiner Schiffskatze. Auf diese Weise reisten die Katzen rund um die Welt und besiedelten die neu entdeckten Gebiete der Erde von der Antarktis bis zu den Galapagosinseln.

Doch waren die Katzen trotz ihrer Funktion als Beschützerin der Vorräte des Menschen nicht davor geschützt, selbst aufgefressen zu werden. Als „Dachhasen" waren sie nicht nur in Notzeiten ein willkommener Braten, sondern rangierten auch in Zeiten des Überflusses als besondere Gaumenfreude der Reichen und Wohlhabenden.

In Frankreich waren es Schriftsteller wie Chateaubriand und Champfleury, die die Katze gegen die Vorwürfe Buffons verteidigten, oder Dichter wie Baudelaire, die sie in feinsinnigen Gedichten besangen. Auch Staatsmänner wie Richelieu und Churchill waren Katzenliebhaber. Darüber hinaus wurde die Katze von der verrufenen Begleiterin der Hexen zum viel geliebten Spielzeug für kleine Mädchen und zur verzärtelten Gefährtin adeliger Salondamen.

Große Wissenschaftler wie Darwin begannen sich für die Abstammung der Katzen zu interessieren und beschrieben die Veränderungen, die sie durch ihre Domestikation zur Hauskatze erfahren hatten. Fremde Rassen wie die Angora- und Siamkatze wurden eingeführt und in England entstanden die ersten Katzenausstellungen.

Heutzutage, wo die wenigsten Hauskatzen in den zivilisierten Ländern jemals eine Maus oder Ratte gesehen haben, ist ihr Wert gleich wie beim Hund ein rein seelischer. Da sie einfacher als ein Hund zu halten ist, beginnt sie bereits – wie die Statistiken zeigen – den Hund in der Gunst des Menschen zu überflügeln. Doch genauso wenig wie der Hund ist sie davor geschützt, ausgesetzt oder im Tierheim abgeliefert zu werden. Während jedoch ausgesetzte Hunde in unseren Ländern kaum selbständig überleben können, kehrt die für ihre Zähigkeit sprichwörtlich gewordene Hauskatze in den Zustand ihrer Wildheit zurück oder sucht sich ein neues Haus. Ihre Zukunft ist daher gesichert. Sogar dann, wenn der Mensch sich selbst vernichtet hat und die Welt nur mehr von Ratten und Fledermäusen bewohnt sein wird, kann die Katze, die ihre Freiheit und Unabhängigkeit bewahrt hat, überleben.

1. Abstammung und Domestikation der Katze

Darwin und die ägyptischen Katzenmumien

Darwin war ein großer Hundeliebhaber, der den Hunden mehr noch als allen anderen höheren Säugetieren Bewusstsein und Gefühle zubilligte (vgl. Oeser 2004, S. 25 ff.). Aber schon an zweiter Stelle behandelte er in seinem berühmten Werk über >Das Variieren der Tiere und Pflanzen im Zustande der Domestikation< (1868) die Hauskatzen. Ihm war bekannt, dass Katzen im Orient schon seit alters her domestiziert worden sind. Denn sie werden bereits in einer 2000 Jahre alten, aus Indien stammenden Sanskrithandschrift erwähnt und „ihr Alter in Ägypten ist bekanntlich noch größer, wie die monumentalen Zeichnungen und ihre mumifizierten Körper beweisen" (Darwin 1878, S. 47). Katzenmumien hatten bereits die Gelehrten, die Napoleons Feldzug nach Ägypten

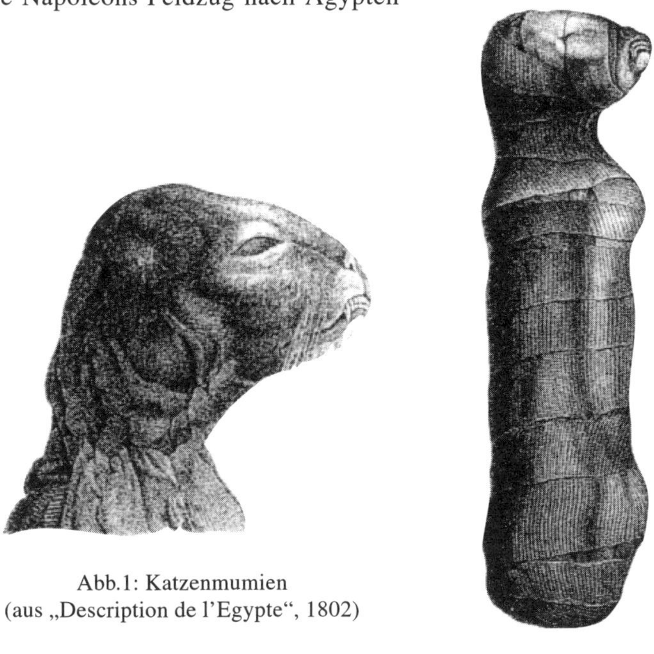

Abb. 1: Katzenmumien
(aus „Description de l'Egypte", 1802)

begleiteten entdeckt und in der >Description de l’Egypte< abgebildet (vgl. Abb. 1)

Schon zu Darwins Zeiten hatte man diese Katzenmumien untersucht und festgestellt, dass sie nicht weniger als drei Arten angehören; nämlich *Felis caligulata*, *F. bubastis* und *F. chaus*, von denen die beiden ersten Arten sowohl wild als auch domestiziert in einigen Teilen Ägyptens noch vorhanden waren. Isidor Geoffroy St. Hillaire, der an dem Feldzug Napoleons teilnahm, berichtete, dass sich in Algier die Hauskatze mit der wilden Katze jenes Landes (*Felis lybica*) gekreuzt hat. Solche Kreuzungen der bereits eingeführten Hauskatze mit den dort ansässigen Wildkatzen wurden auch in Europa festgestellt. Weitere Hinweise von Kreuzungen der Hauskatze mit Wildkatzen erhielt Darwin auch aus Südafrika (*Felis caffra*), aus Madras und Bengalen (*Felis chaus*). Und wie er selbst aus eigener Erfahrung auf seiner Weltreise feststellen konnte, kreuzen sich die Hauskatzen auch in Südamerika mit den eingeborenen Arten von Wildkatzen. Aus all diesen Berichten schließt Darwin, „dass die gemeine Katze, die ein freieres Leben führt als die meisten anderen domestizierten Tiere, sich in Europa, Asien, Afrika und Amerika mit verschiedenen wilden Arten gekreuzt hat, und dass in einigen Fällen die Erzeugung hinreichend häufig eingetreten ist, um den Charakter der Rasse zu beeinflussen“ (Darwin 1878, S. 49).

Obwohl es zu Darwins Zeiten innerhalb eines und desselben Landes keine unterschiedlichen Rassen von Hauskatzen gab, war die Variabilität der domestizierten Katze sehr groß. Die Erklärung lag für Darwin darin, „dass nach der nächtlichen und umhertreibenden Lebensweise dieser Tiere völlig bunte Kreuzungen nicht ohne Mühe verhindert werden können“ (ebenda). Verschiedene Rassen von Hauskatzen konnte Darwin damals nur in „weit voneinander liegenden Ländern“ feststellen. Diese Verschiedenheiten können nach seiner Meinung zum Teil von der Abstammung von verschiedenen ursprünglichen Wildarten oder wenigstens von Kreuzungen mit diesen abhängen. Die damalige Situation in der zweiten Hälfte des 19. Jahrhunderts zusammenfassend, stellt Darwin daher fest: „In Folge der Schwierigkeit aber, Katzen zu paaren, ist vom Menschen durch eine methodische Zuchtwahl nichts geschehen und wahrscheinlich sehr wenig durch unbewusste Zuchtwahl, trotzdem, dass er bei jeder Brut meist die hübschesten erhält und eine gute Rasse von Mäuse- oder Rattenfängern am meisten schätzt. Diejenigen Katzen, welche eine starke Neigung besitzen, nach Wild zu jagen, werden meist durch Fallen vernichtet. Da Katzen so viel gehätschelt werden, so würde eine Zucht, die in demselben Verhältnis zu andern Katzen steht, wie Schoßhunde zu andern Hunden, sehr wertvoll geworden sein, und hätte man Zuchtwahl anwenden können, so würden wir sicher in jedem lange zivilisierten Lande viele Rassen besitzen; denn die Variabilität, von der man ausgehen müsste, ist groß“ (Darwin 1878, S. 49).

Nach heutiger Auffassung gehören alle Hauskatzen einer einzigen Spezies an: der sogenannten *Felis silvestris* oder Waldkatze. Darwin hatte aber bereits richtig erkannt, dass man alle Hauskatzen untereinander und auch mit allen Rassen der wilden *silvestris* kreuzen kann. Zu Beginn der Domestizierungsversuche der Katze fingen die Ägypter damit an, den nordafrikanischen Zweig der *Felis silvestris* zu zähmen. Bis vor kurzem hielt man diesen für eine eigene Spezies, die man *Felis lybica* oder Falbkatze nannte. Heute wissen wir, dass es sich nur um eine bestimmte Rasse handelt, die jetzt als *Felis silvestris lybica* bezeichnet wird. Sie ist kleiner und schlanker als die europäische Rasse der Wildkatzen und war offensichtlich leichter zu zähmen. Als die Römer weite Gebiete Europas eroberten und ihre aus Ägypten importierten domestizierten Katzen mitbrachten, vermischten sich einige von ihren Tieren mit den im Norden heimischen Wildkatzen und zeugten mit ihnen schwerere, robustere Nachkommen. Einigen heutigen Katzen ist diese Herkunft deutlich anzusehen – beispielsweise den großen, stämmigen, getigerten und gefleckten –, während andere eher schlank und lang gestreckt sind, wie die vielen verschiedenen Zuchtformen der Siamesen. Es ist wahrscheinlich, dass die Siamkatzen und alle anderen schlanken Zuchtkatzen der ursprünglichen ägyptischen Hauskatze näher verwandt sind. Ihre domestizierten Vorfahren wurden über die ganze Welt verstreut, und zwar ohne jeden Kontakt zur schwer gebauten nördlichen Wildkatze (vgl. Morris 1995, S. 24).

Vor dem Beginn von Ackerbau und Viehzucht in der Neusteinzeit waren Katzen für die Menschen wertlos. Solange die sesshaft gewordenen Ackerbauern und Viehzüchter noch nicht dazu übergegangen waren, größere Vorräte an Nahrungsmitteln anzulegen, die Ratten und Mäuse anlockten, gab es keinen Grund Katzen zu halten. Erst als die Heimsuchung von Nagetieren überhand nahm, wurde die Katze zu einem viel begehrten Haustier. Anders als der Hund war die Katze von allem Anfang an nicht so sehr an den Menschen gebunden, sondern vielmehr an den Ort, an dem sie Nahrung, Wärme und Behaglichkeit fand – gleichgültig ob es sich um ein Haus, ein Getreidelager, ein Schiff, ein Tempel oder eine Kirche handelte. Wann genau dieser Prozess der Domestikation begonnen hat, lässt sich nicht mit Sicherheit feststellen. Überreste von Katzenskeletten in der Nähe von menschlichen Wohnstätten lassen sich zwar bis zu 9000 Jahren zurückverfolgen, es gibt aber keinen Beweis dafür, dass diese Katzen bereits domestiziert waren. Das Problem liegt darin, dass das Skelett sich nur ganz geringfügig von dem zahmer Tiere unterscheidet.

Neueste Funde in Zypern liefern aber einen deutlichen Hinweis, dass mehr als 3000 Jahre vor der Zeit, in der die alten Ägypter nach bisheriger Auffassung (Clutton-Brock 1981, Davis 1987, Malek 2000 etc.) Katzen domestiziert haben, bereits Katzen sich nicht nur in der Nähe menschlicher Siedlungen aufgehalten, sondern auch eine enge Beziehung zu den Menschen gehabt haben. Bei Ausgrabungen in der jungsteinzeitlichen Siedlung Shillourokambos fanden Jean-Denis Vigne und Mitarbeiter (vgl. Vigne et al. 2004, S. 259) das Grab eines 9200 bis 9500 alten Katzenskeletts, das nur 40 cm von einem Menschengrab entfernt war. Das Grab, in dem sich ein menschliches Skelett befand, enthielt als Beigabe polierte Steine, Äxte, Ocker und Werkzeuge aus Feuerstein und dazu eine kleine Grube mit 24 Muscheln. Die osteologische Untersuchung ergab, dass es sich um eine ca. acht Monate alte Katze (*Felis silvestris cf. lybica*) handelte. Es war aber nicht möglich das Geschlecht festzustellen. Sicher aber konnte aus der Lage und dem Zustand des Katzenskeletts festgestellt werden, dass die Katze zur selben Zeit wie der Mensch begraben worden war (vgl. Abb. 2).

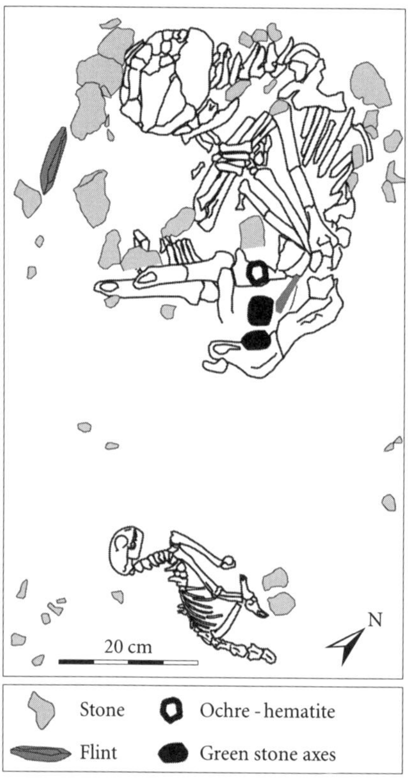

Abb. 2: Plan des Katzen- und Menschengrabes in Shillourokambos (aus Vigne et al. 2004, mit Genehmigung von AAAS)

Aus diesen Fakten zogen Vigne und Mitarbeiter folgenden Schluss: „Wenn die Katze nicht mit Absicht begraben worden wäre, dann wären die Knochen nicht miteinander verbunden, sondern zerstreut gewesen. An derselben Stelle aber waren Reste von Tieren in einem kollektiven Begräbnis vorhanden, die aus isolierten Geweihen und Knochen bestanden. Das Begräbnis einer vollständigen Katze ohne Anzeichen von Schlachtung erinnert uns an Begräbnisse von Menschen und betont das Tier als Individuum. Das gemeinsame Begräbnis kann auch eine starke Beziehung zwischen zwei Individuen, Mensch und Katze, bedeuten. Außerdem könnte auch eine junge Katze getötet worden sein, um gleichzeitig mit dem Menschen beerdigt zu werden. Die reichen Beigaben lassen vermuten, dass der Mensch bei diesem Begräbnis einen sozialen Status innehatte und sie deuten auch eine spezielle Beziehung zu Tieren an. Dieses Begräbnis gibt Zeugnis davon, dass die enge Beziehung zwischen Mensch und *Felis silvestris* während des achten Jahrtausends auf Zypern nicht auf den materiellen Vorteil des Menschen beschränkt war, sondern dass diese Beziehung auch spirituelle Verbindungen einschloss" (Vigne et al. 2004, S. 259 f.).

Bei all diesen prähistorischen Funden von Katzenskeletten in der Nähe menschlicher Siedlungen bleibt jedoch die Unsicherheit über den Grad der Domestikation bestehen. Nur wenn man genaue Beschreibungen und detaillierte Abbildungen – Gemälde oder Plastiken wie aus dem alten Ägypten – zur Verfügung hat, kann man mit Gewissheit sagen, ob es sich schon um domestizierte Katzen handelte oder noch um ihre wilden Artgenossen (vgl. Morris 2000, S. 18 f.). Genaue Angaben, ab wann ein Tier vom Menschen domestiziert worden ist, sind deswegen so schwierig, weil bei allen Haustieren es jedes Mal ein Stadium gegeben haben muss, in dem die Bande zwischen Tier und Mensch nur locker waren, Kreuzungen mit der Wildform noch häufig vorkamen und das Erscheinungsbild sich noch nicht wesentlich von dem der Ausgangsform unterschied. Erst auf einer zweiten Stufe konnte die eigentliche Domestikation zum Abschluss kommen, indem eine größere Anzahl von Individuen dem Menschen unterworfen und in seine volle Abhängigkeit gebracht worden war (Zeuner 1967, S. 52). Bei Katzen scheint sich aber dieses Stadium permanent bis auf die heutige Zeit fortgesetzt zu haben. Deshalb meinen auch manche Verhaltensforscher, dass die Rede von einer „domestizierten Katze" ein Widerspruch in sich ist (Morris 2000, S. 9).

Die „domestizierte Katze" – ein Widerspruch?

Bereits im 19. Jahrhundert entbrannte zu diesem Thema in Frankreich ein regelrechter Streit, an dem sich vor allem der durch seine grausamen Hirnabtragungsexperimente bekannte Neurophysiologe Flourens (vgl. Oeser 2002) beteiligte. Er war der Meinung, dass es höchst fragwürdig ist, die Katze als Haustier anzusehen: „Alle unsere Haustiere sind von ihrer Natur her gesellige Tiere. Das Rind, das Schwein, der Hund, der Hase, sie alle leben naturgemäß in einer Gesellschaft und in einer Herde. Die Katze scheint da auf den ersten Blick eine Ausnahme zu machen, denn die Spezies der

Katze ist ungesellig. Aber ist denn die Katze tatsächlich ein Haustier? Sie lebt in unserer Nähe, aber schließt sie sich uns wirklich an? Sie nimmt unsere Wohltaten entgegen, aber bietet sie uns dafür ihre Unterwerfung und Fügsamkeit, die Dienste einer wahrhaften Haustiergattung? Die Zeit, die Fürsorge, die Gewohnheit vermögen also nichts ohne einen von Natur aus geselligen Charakter, wie man ihn zum Beispiel sogar bei der Katze antreffen kann" (zit. nach Champfleury 1869, S. 160; übers. v. W. Oeser).

In dieser Ansicht beruft er sich auf Buffon, der behauptet, dass die Katzen, obwohl sie unsere Häuser bewohnen, nicht zur Gänze gezähmt sind und dass die zutraulichsten unter ihnen nicht unterwürfiger sind als die anderen. Bereits damals hat aber ein anderer Naturforscher, Monsieur Fée, darauf hingewiesen, dass man zuerst definieren müsste, was man eigentlich unter Domestikation versteht: „Man hat festgestellt, dass die Katze kein gezähmtes Tier ist, ohne eigentlich zu erklären, was man unter Zähmung verstehen soll. Für uns besteht die Zähmung darin, die Gewohnheiten eines Tieres zu ändern, ihm unsere Zuwendungen angenehm zu machen, es gehorsam auf unseren Befehl zu machen, es an unseren Haushalt zu binden oder es zumindest so weit zu bringen, dass es in unserer Mitte lebt. So sind die Ziege und das Pferd unsere Sklaven, die Katze ist es nicht. Darin besteht der ganze Unterschied" (zit. nach Champfleury 1869, S. 161).

Flourens stellt in diesem Zusammenhang auch einen Vergleich mit den Großkatzen an: „Unter den Raubtieren ist das unzähmbarste der Panther; das einzige, das tötet, nur um zu töten, ist der Puma; das einzige, dessen Charakter eine angeborene Sanftheit aufweist, ist der Gepard, und das einzige wirklich intelligente Raubtier ist die Katze. Sie willigt ein, unser Gast zu sein. Sie nimmt die Unterkunft und die Nahrung an, die wir ihr bieten. Sie geht sogar so weit, von uns Zärtlichkeiten zu fordern, aber auf launische Weise und nur dann, wenn es ihr gefällt, sie entgegenzunehmen. Die Katze will keinesfalls ihre Freiheit aufgeben. Wenn wir sie uns zu Diensten machen, so nützt auch sie uns aus und will weder unser Diener sein wie das Pferd, noch unser Freund wie der Hund" (zit. nach Champfleury 1869, S. 161).

Nach dem schon genannten Monsieur Fée ist die Katze „fähig zur Anhänglichkeit und sogar in einem hohen Grade. Aber man darf nicht ihr Verhalten stören und nicht auf Zärtlichkeiten warten. Eine Katze, die es nicht ertragen kann, berührt zu werden, kommt ganz von alleine und bietet sich der Hand an, wenn es ihr sicher scheint, dass man ihr nicht die Freiheit rauben will. Allein bleibt sie äußerst ungern und wie der Hund folgt sie ihrem Herrn leise miauend durch die ganze Wohnung. Die Einsamkeit lastet schwer auf ihr. Sie braucht einen Gefährten. Jedes Mal, wenn sich ihr Herr für einige Tage entfernt, wird die Katze unsichtbar, um sofort wieder auftauchen, wenn er zurückkehrt. Sie zeigt dann auch große Freude. Eine Landkatze kannte genau die Stunde, wenn ihr Herr aus der Stadt zurückkam, und ging, um ihn zu erwarten, bis zur nächsten Kurve der Straße, mehrere hundert Schritte vom Haus entfernt. Aber solche Sympathiebeweise mussten durch besondere Freundlichkeiten verdient werden. Die Liebe der Katze ist keine alltägliche Sache. Man muss sich sehr bemühen, ihre Zuneigung zu erringen, und nur wenig genügt, dass man sie wieder verliert. Genau in diesem Punkt unterscheidet sie sich vom Hund“ (zit. nach Champfleury 1869, S. 162).

2. Verständnis und Missverständnis der Katze

Katze und Hund

Als die Katze in das Leben oder besser in die Behausung des Menschen eintrat, war der Hund schon längst sein unentbehrlicher Gefährte im Überlebenskampf. Katzen waren seit jeher und bis heute für den Hund nichts anderes als eine willkommene Jagdbeute. Jeder Hund, der im Freien einer Katze begegnet, wird ihr nachjagen. Doch konnte Konrad Lorenz feststellen, dass es merkwürdig leicht ist, selbst einem scharfen und jagdgierigen Hund beizubringen, dass er im Zimmer gehaltene Tiere in Frieden lassen müsse. Auch hartnäckige Katzenfeinde unter den Hunden, denen es nicht abzugewöhnen ist, Katzen im Garten und natürlich erst recht in freier Wildbahn zu jagen, denken nicht daran, innerhalb des Hauses eine Katze zu behelligen. Den Grund dafür sah Lorenz in dem uralten Gesetz des Burgfriedens, einer im Tierreich weit verbreiteten Verhaltensweise. So ist vom Habicht und von vielen anderen Raubvögeln bekannt, dass sie in der Nähe des Horstes überhaupt nicht jagen. Man hat Ringeltaubennester mit erwachsenen Jungen unmittelbar neben Habichtshorsten gefunden, und es liegen verlässliche Berichte vor, dass Wildenten in bewohnten Fuchsbauten gebrütet und ihre Jungen auf die Welt gebracht haben. Auch Rehkitze sollen in nächster Nähe von Wolfshöhlen unbelästigt aufwachsen.

Deshalb pflegte Lorenz seinen Hunden alle neu erworbenen Tiere im Hause vorzuführen. Eines davon war ein junger Kater namens Thomas. Als Lorenz ihn vor den Augen seines Bulldoggs, einer der schärfsten Katzenjäger unter seinen Hunden, auspackte, war dieser fest davon überzeugt, dass ihm das Katzenkind nur mitgebracht wäre, um ihm die Freude des Totschüttelns zu gewähren. Seine Hoffnung war nicht unberechtigt, da Lorenz ihm schon mehrmals ausgediente Teddybären, Plüschkatzen und ähnliches mitgebracht hatte. Doch in diesem Fall hatte der Bulldogg den strickten Befehl, die Katze in Ruhe zu lassen. Am ganzen Körper vor Jagderregung zitternd beroch er den kleinen Kater, wedelte heftigst mit dem winzigen Schwanzstummel und trampelte mit den vier Füßen auf der Stelle. Als ihm aber mehrmals von Lorenz mit erhobener Stimme verboten wurde, dem

Katzenkind etwas zuleide zu tun, „seufzte er aus tiefer Brust, sprang auf das Sofa und rollte sich zusammen“. Ab diesem Zeitpunkt ignorierte er den kleinen Kater vollständig. Natürlich war sein Verlangen, das Katerchen totzuschütteln, nicht so schnell erloschen. Sooft sich Lorenz mit dem kleinen Tier beschäftigte, vor allem, wenn er es aufhob, stürzte der Bulldogg herbei, wedelte wie rasend, trampelte, dass der Boden dröhnte, und sah gespannt und in freudiger Erwartung zu dem Kater empor, als sei dieser ein wohlriechendes Futter. Schon damals hatte Lorenz die Unschuld in dem Gesicht des Hundes erschüttert, dessen Sinnen und Trachten auf das mitleidlose Töten des kleinen Katzenkindes gerichtet war. Da Lorenz die Ausdrucksbewegungen eines bösen Hundes gut kannte, kam ihm zu Bewusstsein, dass ein Raubtier ohne Hass tötet: „Es ist ja keineswegs böse auf das andere Lebewesen, das zu töten es sich anschickt. Das Beutetier ist für das Raubtier kein ‘Du’! Könnte man dem Löwen begreiflich machen, dass die Gazelle, die er jagt, eigentlich seine Schwester ist, könnte man den Fuchs überzeugen, dass der Hase sein Bruder ist, es würden beide erstaunt sein, wie mancher Mensch staunt, sagt man ihm, dass sein Todfeind auch ein Mensch ist. Nur der kann töten, ohne schuldig zu werden, der nicht weiß, dass sein Opfer ‘auch einer’ ist“ (Lorenz 1991, S. 72).

Das „unschuldsvolle Gier-Gesicht“ eines Raubtieres wurde bereits in unübertrefflicher Weise von Jack London in einer Novelle eindrucksvoll geschildert, auf die Konrad Lorenz selbst in diesem Zusammenhang hinweist: In der arktischen Wildnis wird der Held dieser Novelle, der keine Patronen mehr hat, von einem Wolfsrudel verfolgt. Anfangs scheu, bedrängen die Wölfe den vor Schlaflosigkeit Erschöpften immer frecher und gefährlicher, je mehr sie Gelegenheit haben, sich von seiner Machtlosigkeit zu überzeugen. Schließlich schläft der Mann, von Müdigkeit überwältigt, an seinem kleinen, mühsam genährten Feuer ein. Als er – zu seinem Glück – nach wenigen Minuten wieder erwacht, hat sich der Kreis der Wölfe um ihn verengt, er sieht die Gesichter der Raubtiere aus nächster Nähe, und plötzlich wird ihm bewusst, dass der bösartige, drohende Ausdruck aus ihren Mienen verschwunden ist: keine gerunzelten Nasen, böse zusammengekniffenen Augen, entblößten Eckzähne oder drohend flach niedergelegte Ohren mehr, kein Knurren, nur tiefe Stille und ein Kreis freundlich blickender, gespannter Hundegesichter mit aufgerichteten Ohren und weit geöffneten Augen. Erst als ein Wolf ungeduldig von einem Vorderfuß auf den anderen tritt und dabei rasch mit der Zunge über die Lefzen leckt, wird dem Mann die schauerliche Bedeutung der Ausdrucksänderung in den Wolfsgesichtern klar: Sie haben die Furcht vor ihm verloren, er ist in ihren Augen nicht mehr ein gefährlicher Feind, sondern nur noch eine appetitanregende Mahlzeit (vgl. Lorenz 1991, S. 73).

Obwohl auch der Bulldogg von Lorenz noch viele Wochen später den kleinen Kater nur als eine wohlschmeckende Nahrung ansah und eine leise Aufforderung genügt hätte, ihn zur Tötung dieses jungen Tieres zu veranlassen, war das Katzenkind ohne diese Erlaubnis nicht nur völlig sicher, sondern wurde sogar von dem Bulldogg gegen jeden anderen Hund verteidigt. Je länger dieses friedliche Beisammensein von Hund und Kater dauerte, umso mehr entwickelte sich aus diesem Burgfrieden eine echte Freundschaft zwischen zwei Spielgefährten, die so weit ging, dass sich der Bulldogg in einem solchen Kampfspiel dem kleinen Kater völlig unterwarf. Denn als dieser sich auf den Hund stürzte und ihm die eine Pranke in den Nacken, die andere ins Gesicht schlug und ihn von unten her in die Gurgel zu beißen versuchte, wobei er mühsam das Köpfchen verdrehte, geschah das Erstaunliche: „Der Bulldogg ging sofort auf das Spiel ein, mimte überzeugend das Schlachtopfer, brach schwer vorne nieder, gab dem Zug der kleinen Katzenpranken nach, rollte auf den Rücken und röchelte. Erst als er sich nach seinem Dafürhalten lange genug hatte töten lassen, sprang er auf und schüttelte den Kater ab“ (Lorenz 1991, S. 74).

An diese Anekdote knüpft Lorenz eine wissenschaftlich interessante Erklärung. Derartiger Spiele von Katzen mit Partnern, die größer als sie selbst sind, lassen sich nach seiner Auffassung nur aus der Stammesgeschichte verstehen: „Die im Spiele ausgeführte Bewegungsweise dient sicherlich nicht dem Kampfe, sondern dem Nahrungserwerb, dem Schlagen großer Beutetiere. Eine Beute aber, der man eine Pranke in den Nacken schlägt und die man von unten her in die Kehle beißt, muss zweifellos größer, zumindest höher sein als das betreffende katzenartige Raubtier. Eine solche Beute tötet aber normalerweise weder unsere Hauskatze, noch tut dies die Wildform, von der sie abstammt. Zu beobachten ist sie heute etwa bei Löwen, die einen Büffel angreifen. Es scheint hier also der bemerkenswerte, aber durchaus nicht vereinzelte Fall vorzuliegen, dass eine stammesgeschichtlich sehr alte, in der betreffenden Verwandtschaftsgruppe weit verbreitete Bewegungsweise bei einer bestimmten Art ihre ursprüngliche, arterhaltende Bedeutung verliert, trotzdem aber weitervererbt wird, jedoch nur mehr im Spiel des Tieres zu beobachten ist“ (Lorenz 1991, S. 77 f.).

Unter den Bedingungen der Großstadt können Hund und Katze selbständig solche Verfolgungsspiele entwickeln: Der Hund reagiert an der Katze seinen aufgestauten Jagdtrieb und diese an ihm ihren ebenfalls aufgestauten Fluchttrieb ab. Für den Hund trifft das nach Meinung von Leyhausen zweifellos zu; er hat ja auf dem Asphalt der Großstadt sonst nichts zu jagen. Bei der Katze trifft das aber nur auf Tiere zu, die fast dauernd im Zimmer leben und nur selten ins Freie kommen. Das Verhalten dieser Tiere dürfte aber sicher nicht von der „Fluchttriebstauung“ allein bestimmt werden, sondern wesentlich auch davon, dass sie – wohl behütet wie sie einmal sind – nicht gelernt haben, irgendein Wesen richtig zu fürchten. So eine Katze „weiß nicht, was sie tut“, wenn sie einen Hund zur Jagd herausfordert. Sicher gibt es auch erfahrene Katzen, die im eigenen, günstigen, weil mit vielen Bäumen und Zäunen versehenen Revier sich „rein zum Spaß“ mit Hunden einlassen. Im Allgemeinen jedoch ist selbst ein nur mittelgroßer und einigermaßen scharfer Hund ein allzu mächtiger und furchterregender Gegner für die Katze, als dass sie ihn ohne Not zum Angriff reizen würde (vgl. Leyhausen 1982, S. 166).

Das bereits in historischen Zeiten vielfach belegbare friedliche, ja freundschaftliche Zusammenleben von Hund und Katze steht in Kontrast zu dem oft unversöhnlichen Gegensatz von Hundefreunden und Katzenfreunden. Wenn man Katzen- und Hundebesitzer als grundsätzlich verschiedene Gruppen betrachtet, so liegt der Grund dafür zunächst in dem unterschiedlichen Aufgabenbereich dieser beiden Haustiere: Für Hunde sind diese Pflichten sehr vielfältig, sie reichen von einer ganzen Reihe von Aufgaben bei der Jagd, dem Bewachen des menschlichen Eigentums, der Verteidigung ihrer Besitzer gegen Angriffe, der Bekämpfung von Schädlingen bis hin zur Arbeit als Zugtiere, zum Ziehen von Karren und Schlitten. In jüngerer Zeit kamen bei dem geduldigen, ausdauernden Hund etliche weitere Pflichten hinzu, darunter so verschiedenartige Aufgaben wie das Führen von Blinden und das Fangen von Verbrechern (vgl. Oeser 2004).

Für Katzen waren die Aufgaben wesentlich einfacher und sind es bis heute geblieben. Zunächst wurden sie zur Bekämpfung bestimmter Schädlinge, wie Ratten und Mäuse, eingesetzt. Das war seit jeher eine Aufgabe, die sie freiwillig und ohne Anleitung des Menschen ausübten. Da sie Einzelgänger sind und nur kleine Beutetiere fangen, konnten sie aber den menschlichen Jägern kaum von Nutzen sein. Und weil sie nicht in fest gefügten sozialen Gruppen leben, die von gegenseitiger Hilfe abhängig sind, um zu überleben, schlagen sie auch keinen Alarm, wenn Eindringlinge ins Haus kommen. Deshalb sind sie als Wächter des menschlichen Eigentums oder als Verteidiger unseres Besitzes nur von geringem Wert. Und aufgrund ihrer geringen Körpergröße sind sie als Zug- oder Lasttiere nicht zu gebrauchen (Morris 2000, S. 13 f.).

Die Bindung zwischen Mensch und Katze unterscheidet sich daher sehr von der zwischen Mensch und Hund. Nach Morris behält die Katze ihren menschlichen Besitzern gegenüber im Wesentlichen nur ein einziges Verhaltensmuster bei: „Sie betrachtet sie als Adoptiveltern. Das geschieht deshalb, weil sie in einem bestimmten Stadium die Aufgaben übernehmen, die auch die leibliche Katzenmutter ihren Jungen gegenüber erfüllt: Sie geben ihr Milch, gut zu essen und Behaglichkeit" (Morris 2000, S. 10). Der Hund sieht seine menschlichen Besitzer zwar auch als Adoptiveltern an, genau wie die Katze. Was das angeht, sind die Motive für ihre Anhänglichkeit gleich. Aber für den Hund gibt es noch eine zusätzliche Bindung: Caniden, Angehörige der Familie der Hunde und hundeartigen Raubtiere, tun sich zu Gruppen zusammen, die der Katzenartigen, der Feliden, nicht. Hunde leben in Rudeln; der Status jedes einzelnen Tieres ist genau festgelegt und unterliegt laufender Beobachtung. Es gibt Anführer, die an der Spitze stehen, eine Mittelgruppe und die „Unterprivilegierten" auf der niedrigsten Stufe der Rangordnung. Unter natürlichen Bedingungen leben alle ständig nah beieinander und sind daher stets auf dem Laufenden, welche Position jedes Gruppenmitglied innehat. Deshalb sieht der erwachsene Hund in „seiner" menschlichen Familie zweierlei: seine Adoptiveltern und die dominierenden Mitglieder seines Rudels. Daher ist sein Gehorsam zu verstehen, seine sprichwörtliche Loyalität. Katzen leben gleichfalls entsprechend einer vielschichtigen Sozialordnung, aber sie gehen nie im Rudel auf die Jagd. In der Freiheit verbringen sie einen Großteil ihrer Tage damit, sich einzeln an Beute anzuschleichen oder ihr aufzulauern. Deshalb hat ein Spaziergang mit dem Menschen für sie nicht den geringsten Reiz. Und sie sind völlig desinteressiert, „bei Fuß" gehen zu lernen oder Kommandos wie „Sitz!" oder „Komm!" zu befolgen. Derartige Dressuren ergeben für Katzen keinerlei Sinn (vgl. Morris 2000, S. 11).

Auch zwischen herrenlosen, frei lebenden Hunden und Hauskatzen gibt es bemerkenswerte Unterschiede. Während in weniger zivilisierten Gegenden verwilderte Hunde wie ihre Vorläufer, die Wölfe, Rudel bilden, um sich gemeinsam zu versorgen, sich untereinander zu paaren und sich ohne menschliche Hilfe durchschlagen zu können, gibt es das in den heutigen überbevölkerten Städten Europas nicht mehr. In groß angelegten Vernichtungsaktionen, wie sie z.B. bereits mehrmals in Istanbul durchgeführt wurden, verringerten sich immer wieder die Anzahl der streunenden Hunde (vgl. Oeser 2004, S. 59 f.). Dagegen gibt es bis heute, auch noch in den Großstädten des südlichen Europas eine große Anzahl herrenloser frei lebender Katzen, die ganze Katzenkolonien bilden. Alle Versuche, sie zu vernichten, schlugen in der Regel fehl, weil immer wieder neue Streuner auftauchten. Auch wird das Bedürfnis, sich ihrer zu entledigen, nicht als so dringlich empfunden, da sie häufig zum Überleben ihre uralte Funktion als Schädlingsvertilger wieder aufnehmen. Wo der Mensch allerdings durch Gift die Bestände an Ratten und Mäusen dezimiert hat, müssen die wilden Katzen ihren ganzen Verstand aufbieten, um zu überleben. Ihre erstaunliche Widerstandskraft ist ein Zeugnis dafür, dass trotz mehrerer tausend Jahre Domestizierung die Gehirn- und Körperfunktionen der Katzen immer noch in überraschender Weise denen ihrer wilden Vorfahren ähneln.

Daraus ergibt sich auch die im Vergleich zu Hunden wesentlich geringere Anhänglichkeit der Katzen gegenüber dem Menschen. Die Katze ist in dem Augenblick, in dem die Haustür offen steht, auf und davon. Wenn sie die Türschwelle überquert hat, ist ihr Denken und Fühlen auf eine andere, eine eigene Katzenwelt ausgerichtet, in der es für Menschen keinen Platz mehr gibt. Das geht so weit, dass sie nie wieder zurückkehrt, wie die vielen Anzeigen über entlaufene Katzen beweisen. Deshalb gibt es auch in den Städten nur wenige „Freigänger". Die meisten Hauskatzen können die Wohnung, in der sie gehalten werden, in ihrem ganzen Leben nicht verlassen – ausgenommen ihre Besitzer oder ihre Besitzerinnen ziehen in eine andere Wohnung um.

Dieser entscheidende Unterschied zwischen Hauskatzen und Haushunden ist auch bis heute der Grund für ihre unterschiedliche Bewertung durch den Menschen. Vor allem sind Hundefreunde häufig ausgesprochene Katzenfeinde. Das gilt sogar für den großen französischen Naturwissenschaftler Buffon, der als dezidierter Hundeliebhaber alle Vorurteile seiner Zeit übernimmt und sie zu der schrecklichsten Verleumdung der Katze zusammenfasst, die überhaupt in der Wissenschaftsgeschichte bekannt ist.

Die Verleumdung der Katze: Buffon

„Die Katze ist ein ungetreuer Hausdiener, den man nur notgedrungen hält, um ihn einem andern Hausfeinde entgegenzusetzen, der noch lästiger fällt, und den man nicht vertreiben kann" (Buffon 1847, S. 199). Mit diesen Worten leitet Buffon seine Beschreibung der Hauskatze ein. Für ihn besitzt die Katze eine „angestammte Boshaftigkeit, einen falschen Charakter, ein schlechtes Naturell, welches durch das Alter noch vermehrt und durch die Erziehung nur vermummt wird". Als Räuber geboren, werden die Katzen nach seiner Meinung durch gute Erziehung bloß geschmeidig und schmeichlerisch wie die Gauner. Sie haben dieselbe Geschicklichkeit, dieselbe Lust, Böses zu tun, dieselbe Neigung zu kleinen Diebereien.

Von Buffon stammt auch die bis heute vor allem bei Hundebesitzern verbreitete Meinung von dem falschen Charakter der Katze: „Nur den Schein der Anhänglichkeit haben sie, man sieht es an ihren krummen Bewegungen, an ihren zweideutigen Augen, nie blicken sie die geliebte Person gerade an,

Abb. 3: Die Hauskatze (aus Buffon 1847)

sei es Misstrauen oder Heimtücke, sie machen Umwege, um sich ihr zu nähern, um Liebkosungen zu suchen, für die sie nur des Vergnügens wegen, das sie ihnen gewähren, Empfindung haben. Weit verschieden von jenem treuen Tiere, dessen Empfindungen alle der Person seines Herrn angehören, scheint die Katze nur für sich zu empfinden, nur bedingungsweise zu lieben, nur zum Umgange bereit zu sein, um ihn zu missbrauchen und wegen dieser Übereinstimmung des Naturells ist sie weniger so unverträglich mit dem Menschen als mit dem Hunde, in welchem alles aufrichtig ist" (Buffon 1847, S. 199).

Sogar dann, wenn Buffon von der auch für ihn unleugbaren Schönheit der Katze spricht, hat seine Beschreibung einen negativen Beigeschmack: „Die Katze ist hübsch, leicht, gewandt, reinlich und wollüstig, sie liebt ihre Bequemlichkeit, sie sucht die weichsten Hausgeräte, um darauf auszuruhen und sich zu ergötzen" (Buffon 1847, S. 199, vgl. Abb. 3).

Die sich daran anschließende Darstellung des Sexualverhaltens der Katze gibt den Unmut des vom nächtlichen Katzenkonzert geplagten Pariser Großstadtbürgers wieder: „Auch der Geschlechtsliebe ist sie sehr ergeben, und, was man selten bei den Tieren findet, das Weibchen scheint brünstiger zu sein als das Männchen: Es ladet dies ein, sucht es, ruft es, verkündet durch lautes Geschrei die Wut seiner Begierden oder vielmehr das Übermaß seiner Bedürfnisse an und wenn das Männchen es flieht oder verachtet, so verfolgt es dasselbe, beißt es und zwingt es, sozusagen, ihm genug zu tun, obwohl die Paarungen immer von einem lebhaften Schmerze begleitet werden“ (Buffon 1847, S. 199).

Den Kannibalismus der Katzen sieht Buffon nicht nur auf den Kater beschränkt: „Da die Männchen ihre Nachkommenschaft gerne fressen, so verbergen sich die Weibchen, um zu werfen, und fürchten sie, dass man ihre Jungen entdecke oder wegnehme, so tragen sie dieselben in Löcher oder an andere unbekannte oder unzugängliche Orte, und nachdem sie einige Wochen lang sie gesäugt haben, bringen sie ihnen Mäuse, kleine Vögel und gewöhnen sie frühzeitig daran Fleisch zu fressen: Aber durch eine schwer zu begreifende Sonderbarkeit werden diese nämlichen, so sorgsamen und so zärtlichen Mütter bisweilen grausam, unnatürlich und fressen ebenfalls ihre Jungen, die ihnen so teuer waren“ (Buffon 1847, S. 200).

Die jungen Katzen, die auch nach Buffons Vorstellung munter, lebhaft und hübsch sind, würden sich auch sehr gut zur Unterhaltung für Kinder eignen, wenn man, so sagt er, „ihre Klauen nicht fürchten müsste“ (Buffon 1847, S. 200). Denn ihr Scherz ist nie unschuldig und geht bald in die eigentümliche Bosheit über. Auch der schlechte Ruf der Katze als Vogelmörder wird von Buffon betont. Katzen jagen nicht wie Hunde, sondern lauern ihren Beutetieren auf und überfallen sie, und nachdem sie einige Zeit mit ihnen gespielt haben, töten sie dieselben ohne alle Notwendigkeit, sogar dann, wenn sie am besten genährt sind und diese Beute durchaus nicht zur Stillung ihres Hungers nötig haben. Immer wieder vergleicht Buffon die Katzen mit Hunden. Sie sind nicht gelehrig, widersetzen sich jedem Zwang und sind überhaupt zu einer gleichförmig fortgesetzten Erziehung unfähig.

Abb. 4: Die Katze als Personifikation des Egoismus (aus Champfleury 1869)

Ebenso wenig haben sie einen guten Riechsinn, der dem Hund ja besonders zu eigen ist.

Die unmittelbarste Ursache dieses Hanges, die andern Tiere auszuspähen und zu überraschen, kommt nach Buffon von dem Vorteil her, den ihnen die besondere organische Struktur ihrer Augen verschafft. Die Pupille kann sich beim Menschen wie bei den meisten Tieren in einem gewissen Grade zusammenziehen oder erweitern. Sie dehnt sich etwas aus, wenn das Licht fehlt, und verengt sich, wenn es zu stark wird. Im Auge der Katze und der Nachtvögel sind diese Zusammenziehung und diese Erweiterung so beträchtlich, dass die Pupille, die im Dunkel rund und breit ist, bei hellem Tage lang und schmal wie eine Linie wird. Die Form der Pupille ist immer rund, solange sie nicht aktiv kontrahiert wird. Bei der Katze ist den ganzen Tag über die Pupille zu einem schmalen senkrechten Spalt zusammengezogen. In der Dämmerung, wenn die Pupille wieder ihren entspannten Zustand erlangt, sieht die Katze am besten und benutzt diesen Vorteil, um die anderen Tiere auszuspähen, anzugreifen und zu überraschen.

Nach Buffon kann man nicht sagen, dass die Katzen, obwohl Bewohner unserer Häuser, wirklich Haustiere sind, vielmehr kann man sagen, dass sie völlig frei sind. Sie tun nur, was sie wollen, und nichts in der Welt wäre fähig, sie einen Augenblick länger an einem Orte zurückzuhalten, von dem sie sich entfernen wollten. Außerdem sind die meisten halb wild, kennen ihre Herren nicht, besuchen nur die Speicher und Dächer und bisweilen die Küche und Vorratskammer, wenn der Hunger sie quält. Ihre Anhänglichkeit gilt weniger den Personen als den Häusern. Bringt man sie ziemlich beträchtliche Strecken wie eine bis zwei Stunden weit weg, so kommen sie von selbst wieder auf ihren Speicher zurück und dies offenbar darum, weil sie alle Schlupfwinkel der Mäuse auf demselben, alle Ausgänge und alle Durchgänge kennen und die Mühe der Wanderung geringer als jene ist, die sie nötig hätten, um in einem neuen Gebiet dieselben Vorteile zu gewinnen. Sie scheuen das Wasser, die Kälte und die schlechten Gerüche, gerne halten sie sich in der Sonne, an den wärmsten Orten auf; hinter den Schornsteinen oder in den Öfen suchen sie sich zu betten. Auch lieben sie die Wohlgerüche und lassen sich gern durch Personen, die gut riechen, fassen und streicheln.

Wesentlich kürzer, aber genauso übel fällt die Charakterisierung des durch sein >Vogelschutzbuch< (4. Aufl. 1877) bekannten deutschen Zoologen Christoph Gottfried Andreas Giebel aus: „Die hervorragendsten Züge im Katzencharakter sind Falschheit und Naschhaftigkeit, demnächst Eitelkeit und Liebe zur Reinlichkeit, Entschiedenheit und Bequemlichkeit. Die sprichwörtliche Falschheit äußert sich bei jeder Gelegenheit, beim Spiele, bei der Liebkosung; eine unsanfte Berührung, ein hartes Wort wird sofort mit derben Pfötchenschlägen oder mit Kratzen erwidert. Die Katze ist Haustier und dem Menschen dienstbar, nur soweit sie dabei ein bequemes, angenehmes Leben, zusagende Kost, Schutz gegen Kälte und raues Wetter und Befriedigung ihrer Eitelkeit findet; allem aber, was ihr im Hause nicht gefällt, tritt sie entschieden entgegen oder weicht ihm aus, um sich einer gewaltsamen Unterordnung nicht zu beugen. Nur in der Stube und Küche gehorcht sie den Befehlen und Drohungen des Herrn, draußen geht sie ihren eigenen Weg, kein Rufen, kein Locken, keine Schmeicheleien veranlassen sie, ihren Herrn über die Straße zu begleiten, seltene und vereinzelte Fälle ausgenommen. Sie folgt und ist gehorsam nur da, wo sie gepflegt wird, und nur dem, welchem sie zu Danke verpflichtet ist; außerhalb dieses Bereiches kennt sie keine Unterwürfigkeit und schleicht als nächtlicher, mehr auf List als auf Kraft sich verlassender Räuber scheu und ängstlich vor etwaigen Störungen und Angriffen ihren Weg entlang. In der Tat hält sie sich nur an das Haus, weil und soweit sie gepflegt wird" (zit. nach Brehm 1876, S. 467). Mit einem Wort: Die Katze ist die Personifikation des Egoismus (Champfleury 1869, vgl. Abb. 4).

Die Verteidigung der Katze: Reichenbach und Brehm

Wie Buffon vergleicht auch der deutsche Zoologe Reichenbach die Katze mit dem Hund, kommt aber im Gegensatz zu diesem zumindest zu einer halbherzigen Verteidigung der Katze. Er stellt zwar fest, dass sie nie so zahm wird wie der Hund. Denn sie besitzt einen großen Freiheitsdrang und streift nicht nur innerhalb, sondern auch außerhalb des Hauses weit umher. Sie gewöhnt sich jedoch an den Menschen, aber „er darf ihr doch nicht recht trauen; denn oft, wenn er es am bestem mit ihr meint, wird er doch von ihr gekratzt" (Reichenbach 1855, S. 283). Für Reichenbach ist die Hauskatze zwar ein Haustier im wahrsten Sinn des Wortes, zeigt aber gewöhnlich keine Anhänglichkeit an den Menschen. Wenn der Hund sich nicht leicht von seinem Herrn trennt und ihm in jede Wohnung nachfolgt, so lässt ihn hingegen die Katze ruhig fortziehen und bleibt in dem gewohnten Haus.

Unter Berufung auf eine Bemerkung des damals berühmten Hirnanatomen und Begründers der Phrenologie Gall, dass die Stärke eines Sinnes mit der Stärke des dazugehörigen Nervens im Verhältnis steht, stellt Reichenbach fest, dass der Hund einen starken Geruchs-, aber einen schwachen Sehnerven hat. Sein Geruch ist daher weit besser als sein Gesicht. Umgekehrt verhält es sich bei der Katze: Gesicht und Gehör sind bei der Katze sehr fein, der Geruch aber sehr schwach.

Eine weitere Charakteristik der Katze ist ihr außerordentlich zähes Leben. Als Beispiel führt Reichenbach eine zu dieser Zeit offensichtlich noch häufige grausame Quälerei der Katze an: „Wenn sie von einem hohen Turm herabgestürzt wird, fällt sie sich selten tot, sondern springt entweder sogleich oder doch bald darauf wieder fort. Sie liegt zuweilen eine Zeitlang wie tot da, nicht lange darauf aber läuft sie davon“ (Reichenbach 1855, S. 283). Ein weiteres gut belegtes Beispiel für das außerordentlich zähe Leben der Katzen findet Reichenbach im >Journal de Paris< von 1781. Dort wird von der Versiegelung der Wohnung eines berühmten Ingenieurs berichtet, der gerade verstorben war: „Bei dieser Gelegenheit kroch, ohne dass man es merkte, eine Katze, die noch kein Jahr alt war, in einen Kleiderschrank und wurde eingeschlossen. Gleich an demselben Tage hörte man ihr Geschrei im Hause und in der Nachbarschaft. Allein die Kosten und die vielem Umstände, die mit der Entsiegelung verbunden gewesen wären, weil dieses nicht ohne die Gegenwart von gewissen Personen geschehen konnte, machten, dass man das arme Tier aufgab. Am 29. Tage der Gefangenschaft wurden endlich die Siegel abgenommen, und als man den Schrank öffnete, fand man zwar die Katze sehr abgezehrt, aber doch lebendig. Als sie etwas zu sich genommen, wohnte sie als Tier vom Hause den übrigen Verrichtungen der Commissarien treulich bei, als ob nichts mit ihr vorgegangen wäre“ (Reichenbach 1855, S. 284).

Noch unglaublicher klingt die Geschichte einer anderen Katze, die in einem Ballen russischen Flachses gefunden wurde, der beim Einpacken durch Maschinen zusammengepresst war. Sie war auch ganz zusammengepresst worden und dennoch sprang sie, als nach einer achtundzwanzigtägigen Reise von Sankt Petersburg nach Leith in Schottland der Ballen geöffnet wurde, „wohl behalten, wenn auch sehr abgezehrt“ (Reichenbach 1855, S. 284), heraus.

Wie aus der Geschichte der Erdbebenforschung bekannt ist, haben Tiere eine starke Vorahnung über den Eintritt von Erdbeben (vgl. Oeser 2003). Das gilt nach Reichenbach auch für Katzen. Als Beweis führt er folgende Nachricht an: „Ein Kaufmann in Messina hatte zwei Katzen, die er selbst aufgezogen hatte; noch ehe der erste Stoß des Erdbebens geschah, waren diese Tiere schon in einen solchen Schrecken geraten, dass sie versuchten, sich unter dem Fußboden einzugraben, um aus der Stube zu kommen. Der Kaufmann ließ sie in ein anderes Zimmer gehen, und hier fingen sie dieselbe Arbeit an; endlich, als sie aus dem Hause kamen, liefen sie geraden Wegs zur Stadt hinaus; der Kaufmann folgte ihnen nach und sah, dass sie, sobald sie auf freiem Felde waren, von neuem in die Erde zu kratzen anfingen. Kurz darauf geschah ein starker Stoß, und der Mann sah nun, dass viele

Abb. 5: Die Tochter des Sekretärs der Académie Française Arnault mit ihrer Katze (nach Boilly 1800)

Häuser in der Stadt, worunter auch sein eigenes war, einstürzten" (Reichenbach 1855, S. 284 f.).

Dass Katzen oft dem Hund an Treue nicht nachstehen, konnte Reichenbach bereits im >Journal de Médecine< vom Dezember 1771 lesen. Dort wurde von Katzen berichtet, dass sie ihren Herrn auch nach seinem Tode nicht verließen und lange Zeit hindurch täglich sein Grab besuchten. Besonders rührend aber ist die Geschichte von der in diesen Zeiten so häufig vorkommenden Freundschaft zwischen einer Katze und einem kleinen

Kind: „Eine Katze war mit einem Kind zugleich erzogen worden und lebte mit demselben in sehr gutem Verständnis. Das Kind wurde krank und die Katze wich weder Tag noch Nacht von seinem Bette. Es starb und sie verließ auch die Leiche des Kindes bis zu dem Augenblicke nicht, da man sie zur Erde bestattete. Nun verkroch sich das Tier höchst betrübt in einen Winkel, wo es starb. Zum Andenken dieser Begebenheit ließ man sowohl das Kind als die Katze abmalen, und die Gemälde blieben lange ein Erbstück in der Familie“ (Miscellania curiosa physico-medica, Anm. 1675–77, Observat. 162; vgl. Reichenbach 1855, S. 285). Die enge Beziehung zwischen kleinen Mädchen und Katzen ist vielfach historisch belegt und hat auch in rührenden Gemälden immer wieder ihren Ausdruck gefunden (vgl. Abb. 5).

Reichenbach kann auch von der Überführung von Mördern durch eine Katze berichten: „Im Juli 1800 holte man zu Lyon einen Arzt, um den Leichnam einer ermordeten Frau zu besichtigen. Er verfügte sich nach ihrer Wohnung, wo er sie auf der Erde leblos liegend und in ihrem Blute schwimmend fand. Eine große, weiße Katze saß in einer entfernten Ecke des Zimmers oben auf einem Schranke, wo sie hingeflüchtet zu sein schien. Hier saß sie ganz bewegungslos, hatte die Augen stier auf den Leichnam gerichtet; ihre Stellung und ihre Blicke verrieten Schauder und Entsetzen. Den darauf folgenden Morgen traf man sie noch an dem nämlichen Orte und in der nämlichen Stellung an, und obschon das Zimmer mit Gerichtsbeamten angefüllt war, so störte sie doch weder das Getöse der Waffen der Soldaten, noch das laute Gespräch der Gesellschaft in ihrem Hinstarren auf den Leichnam. Sobald man aber die Personen hereinbrachte, die man wegen des Mordes in Verdacht hatte, fingen ihre Augen vor Wut zu glühen an, ihr Haar sträubte sich, sie stürzte pfeilschnell mitten in das Zimmer, wo sie einen Augenblick stillstand, um sie recht genau anzusehen; hierauf verkroch sie sich eilig unters Bette. Das Gesicht der Mörder entfärbte sich, es verriet ihr Verbrechen, und sie gestanden, dass sie die Mordtat begangen hätten“ (Reichenbach 1855, S. 286).

Katzen schließen nicht nur mit Menschen Freundschaft, sondern auch mit anderen Tieren, die sie normalerweise jagen und auffressen, wie Vögel, Hasen und Mäuse. Von all diesen Freundschaften kann Reichenbach gut verbürgte Beispiele liefern. So berichtet er von einer jungen englischen Dame, die zwei Lieblingstiere hatte, einen Kanarienvogel und ein Kätzchen, beide von großer Schönheit und so vertraut miteinander, dass der Vogel häufig auf dem Rücken der Katze saß. Eines Morgens aber, als er, wie gewöhnlich, auf dem Teetisch seiner Herrin beim Frühstück war, warf sich die gegenübersitzende Katze plötzlich auf ihn, packte ihn bei dem einen Flügel und sprang mit ihrer Beute auf den Kaminsims. Erschrocken eilte ihr die Dame nach. Die Katze legte ihr schnurrend den Vogel in die Hand, sprang dann wütend unter das Sofa und trieb einen hässlichen, fremden Kater hinaus. Auf diese Weise rettete sie ihrem kleinen Schützling das Leben (Reichenbach 1855, S. 285).

Obwohl Reichenbach mehr noch als Buffon an die kannibalistischen Neigungen des Katers gegenüber seinen Kindern glaubt und auch die Katzenmutter nicht davon ausschließt, vor allem dann, wenn die Jungen Missgeburten sind, ist er andererseits von der grenzenlosen Mutterliebe der Katze überzeugt, die sich sogar auf andere Tierarten ausdehnen kann: „Ihre Mutterliebe wird von Tage zu Tage größer, sie verbirgt und beschützt ihre Jungen, trägt sie im Maule fort, wenn sie Gefahr für sie fürchtet, säugt sie fleißig und bringt ihnen bald, nachdem sie sehen gelernt, Mäuse, Vögel und andere lebende Tiere, mit denen sie zu spielen beginnen. Werden ihr die Jungen genommen, so wird sie traurig und säugt dann zuweilen auch andere Tiere, sogar solche, gegen die sie sonst feindselig gesinnt ist" (Reichenbach 1855, S. 285).

Beispiele dafür findet er vor allem in der Naturgeschichte des Herrn White. Einer der Freunde von White „hatte einen kleinen hilflosen Hasen, den die Bedienten mit Milch aus einem Löffel fütterten; um diese Zeit warf seine Katze Junge, die man ihr wegnahm und vergrub. Bald darauf verschwand der Hase und man glaubte, er sei von einem Hunde oder einer Katze gefressen worden. Nach ungefähr vierzehn Tagen, als der Herr im Abenddunkel in seinem Garten saß, sah er seine Katze mit aufgehobenem Schwanze auf sich loskommen und hörte, dass sie etwas mit kurzen Tönen ruft, dergleichen die Katzen hören lassen, wenn sie ihre Jungen locken; als er genauer umherblickte, sah er, dass sie den kleinen Hasen lockte, den sie mit ihrer Milch ernährt hatte und mit großer Zärtlichkeit zu pflegen und zu füttern fortfuhr. Sie liebte ihn ebenso sehr, als ob es ihr eigenes Junge gewesen wäre. Auf diese Art wurde ein Körner fressendes Tier von einem Fleisch fressenden Raubtier ernährt" (Reichenbach 1855, S. 287). Eine ähnliche Geschichte wird von drei jungen Eichhörnchen erzählt, die einer Katze, die ihre Jungen vor kurzem verloren hatte, untergeschoben wurden und von dieser Katze ebenso sorgfältig und liebreich gepflegt und gesäugt wurden, als wären es ihre eigenen Jungen.

Überboten werden jedoch alle diese Geschichten von dem Verhalten einer Katze, der man von allen ihren Jungen nur ein einziges gelassen hatte und die ihre Mutterliebe auf eine Maus ausdehnte: „Eines Abends, als die Familie um das Feuer saß, bemerkte man eine Maus, welche vom Schrank neben dem Kamin zu der Katze hin lief und sich an ihren Leib legte, wie es ein junges säugendes Kätzchen zu machen pflegt. Erstaunt über diesen Anblick, und aus Furcht, die Maus zu stören, konnte man auf der Stelle sich nicht überzeugen, ob sie sauge oder nicht. Nachdem sie ziemlich lange bei der Katze geblieben war, kehrte sie zum Schrank zurück. Diese Besuche wiederholten sich bei mehren anderen Gelegenheiten und viele Personen waren Zeuge davon. Die Katze schien nicht allein die Maus zu erwarten, sondern sie ließ auch jenen schnurrenden und spinnenden Begrüßungston hören, welchen dieses Tier bekanntlich, wenn es von seinen Jungen aufgesucht wird, von sich gibt. Die Maus schien in der Tat an der Katze zu saugen, aber sie war dabei so wachsam, dass sie sogleich die Flucht nahm, wenn jemand die Hand ausstreckte sie zu ergreifen. Kam die Katze, nachdem sie draußen gewesen, wieder in das Zimmer, so ließ sie ihre einladende Stimme hören, und die Maus kam zu ihr. Die Anhänglichkeit, welche zwischen diesen beiden, so wenig zueinander passenden Tieren stattfand, war nicht zu verkennen, und dauerte eine Zeitlang. Das Schicksal der Maus war, wie das der meisten Lieblinge, traurig. Während der Abwesenheit ihrer Ernährerin kam eine fremde Katze in das Zimmer. Die arme Maus sah sie für ihre alte Freundin und Beschützerin an, lief ihr entgegen und wurde sogleich ergriffen und getötet, ehe man sie retten konnte. Die Trauer der Pflegemutter war außerordentlich. Als sie in das Zimmer zurückkam, rief sie auf die gewöhnlich Weise, aber die Maus kam ihr nicht entgegen. Sie war in beständiger Unruhe und Kummer, miaute um das Haus herum und äußerte ihre Trauer auf die deutlichste Weise. Merkwürdig ist hierbei noch besonders, dass diese Katze sonst eine vortreffliche Mäusefängerin war und während der Zeit, wo sie eine so große Anhänglichkeit für jene Maus verriet, andere mit der größten Begierde verzehrte“ (Reichenbach 1855, S. 287 f.).

Reichenbach bringt auch ein Beispiel dafür, dass Katzen nicht nur mit ihren Beutetieren, sondern auch mit ihrem ärgsten Feind, dem Hund, in bester Freundschaft leben können – eine immer wieder verbürgte historische Tatsache, die auch der Gegenstand eines anonymen, sowohl in England als auch in Frankreich weit verbreiteten illustrierten Kinderbuchs war (Chien et chat. Paris 1879). Reichenbach selbst beruft sich auf einen Herrn Wenzel, der von einer Katze und einem Hund erzählt, die einander so lieb gewannen, dass das eine Tier ohne das andere gar nicht sein konnte: „Bekam der Hund ein gutes Stückchen, so konnte ich versichert sein, dass auch die Katze, seine Freundin, ihren Anteil davon erhalten würde. Sie fraßen friedlich aus einer Schüssel, hatten ein gemeinschaftliches Bett und promenierten täglich in Gesellschaft. Ich wollte diese dem Scheine nach so vertraute Freundschaft auf die Probe stellen und nahm eines Tages die Katze allein auf mein Zimmer, indes ich den Hund in einer anderen Stube bewachen ließ. Ich bewirtete die Katze auf das Beste, denn ich wollte erfahren, ob es ihr ohne ihren Gefährten, mit dem sie bisher noch immer Tafel gehalten hatte, so wie vorher schmecken würde. Die Katze fraß mit voller Begierde und schien den Hund völlig vergessen zu haben. Ich hatte ein Rebhuhn, wovon ich mir die Hälfte zum Abend aufbewahren wollte. Meine Frau deckte einen Teller darüber und stellte den Braten in einen Wandschrank, ohne die Türe abzuschließen. Die Katze entfernte sich. Ich nahm Stock und Hut und ging aus. Meine Frau saß im Nebenzimmer und arbeitete. Als ich wieder nach Hause kam, erzählte man mir Folgendes: Die Katze hatte eiligst das Speisezimmer verlassen und sich zu ihrem Hund verfügt, wo sie ungewöhnlich stark und in verschiedenen Tönen miaute, welches der Hund zuweilen mit einem einsilbigen Bellen beantwortete. Hierauf liefen beide nach dem Zimmer, wo die Katze zu Gast war, und warteten so lange an der Schwelle, bis die Türe geöffnet wurde. Eins von meinen Kindern öffnete sie. In einem Augenblick waren die beiden Freunde in der Stube. Das Miauen der Katze machte meine im Nebenzimmer arbeitende Frau aufmerksam; sie stand von ihrem Sitze auf, ging leise an die halb geöffnete Türe und beobachtete das, was vorging: Die Katze führte den Hund zum Schranke, in dem sich das Rebhuhn befand, stieß den Teller, welcher die Schüssel deckte, herab, langte den Braten heraus und brachte ihn dem Hunde, der ihn auch mit Vergnügen verzehrte. Nun verkrochen sich beide und sahen mit Ungeduld dem Augenblick entgegen, wo sich das Zimmer wieder öffnen würde. Ich war der Erste, der die Türe aufmachte, und schüchtern liefen beide zwischen meinen Füßen hindurch. Meine Frau und die Hausleute erklärten mir die Schüchternheit dieser Tiere. Wahrscheinlich hat die Katze dem Hund durch ihr Miauen zu verstehen gegeben, welch eine herrliche Mahlzeit sie gehabt, wie sehr es ihr aber auch leid getan habe, dass sie dieselbe ohne ihn genießen musste. Wahrscheinlich hat sie ihrem Lieblinge gesagt, dass sich noch etwas für ihn im Schranke befinde und ihn beredet, ihr dahin nachzufolgen. Von der Zeit an habe ich beide Tiere zu einem besonderen Gegenstand meiner Beobachtung gemacht und mich vollkommen überzeugt, dass eins dem andern treulich Nachricht von dem gab, was einiges Interesse für sie hatte“ (Reichenbach 1855, S. 288 f.).

Während Reichenbach noch genauso wie Buffon die Katze mit dem Hund vergleicht, lehnt der Zeitgenosse und Anhänger Darwins Alfred Brehm solche Vergleiche rundweg ab. „In der Regel“, sagt er, „vergleicht man sie mit dem Hunde, mit welchem sie gar nicht verglichen werden darf, und gibt sich, weil man in ihr nicht gleich dessen Eigenschaften findet, nicht weiter mit ihr ab, sondern betrachtet sie schon von vornherein als ein Wesen, mit welchem überhaupt nichts zu machen ist“ (Brehm 1876, S. 467). Auf diese

Weise kommt er zwangsläufig zu einer viel objektiveren Charakteristik der Katze, die er als ein „außerordentlich schmuckes, reinliches, zierliches und anmutiges Geschöpf" bezeichnet, bei dem „jede Bewegung nett und angenehm" und die „Gewandtheit wahrhaft bewunderungswürdig" ist (Brehm 1876, S. 467).

Viel heftiger als Reichenbach verteidigt daher auch Brehm die Katze vor den unhaltbaren Vorwürfen seiner Zeitgenossen: „Das geistige Wesen der Katze wird gewöhnlich gänzlich verkannt. Man betrachtet sie als ein treuloses, falsches, hinterlistiges Tier und glaubt, ihr niemals trauen zu dürfen. Viele Leute haben einen unüberwindlichen Abscheu gegen sie und gebärden sich bei ihrem Anblicke wie nervenschwache Weiber oder ungezogene Kinder." Eine Charakterzeichnung der Katze, wie sie Giebel geliefert hat, enthält zwar auch für Brehm „ein Körnlein Wahrheit, jedoch weit mehr Unrichtiges, und darf eher eine Verlästerung als eine Beschreibung der Katze genannt werden" (Brehm 1876, S. 467). Er selbst, der die Katze von Jugend auf mit Liebe beobachtet und sich viel mit ihr beschäftigt hat, neigt daher einer wesentlich positiveren Schilderung zu, wie sie schon Scheitlin geliefert hat, die jedenfalls eine verständnisvollere Auffassung des Verhaltens der

Abb. 6: Hauskatzen (aus Brehm 1875)

Katze als diejenige von Giebel ist und eine gerechte Würdigung des Wesens der Katze darstellt: „Sie kennt den Menschen an seiner Kleidung und an seiner Stimme. Sie will zur Tür hinaus, wenn sie gerufen wird; sie hat ein vorzügliches Ortsgedächtnis und übt es. In der ganzen Nachbarschaft, in allen Häusern, Kammern, Kellern, unter allen Dächern, auf allen Holz- und Heuböden zieht sie herum. Sie ist ein völliges Ortstier, daher ihre bekannte Anhänglichkeit mehr ans Haus als an die Bewohner. Sie zieht entweder nicht mit aus oder läuft wieder ins alte Haus. Unbegreiflich ist es, dass sie, stundenweit in einem Sacke getragen, ihr Haus, ihre Heimat wieder finden kann“ (zit. nach Brehm 1876, S. 468).

Scheitlins Schilderung des Verhaltens der Katze gegenüber einem angreifenden Hund, vor allem in der Zeit der Jungenaufzucht, entspricht schon weitgehend den Beobachtungen der modernen Verhaltensforschung: „Außerordentlich ist ihr Mut selbst gegen die allergrößten Hunde und Bullenbeißer, wie ungünstig ihr Verhältnis in Bezug auf Größe und Stärke sei. Sobald sie einen Hund wahrnimmt, krümmt sie den Rücken in einem ganz bezeichnenden Bogen, dem Katzenbuckel. Ihre Augen glühen Zorn oder plötzlich aufwallenden Mut nebst einer Art Abscheu. Sie speit schon von fern gegen ihn; sie will vielleicht entweichen, fliehen; sie springt im Zimmer aufs Gesimse, auf den Ofen oder will zur Türe hinaus, hat sie aber Junge, so stürzt sie, wenn er dem Neste nahe kommt, grässlich auf ihn los, ist mit einem Satze auf seinem Kopfe und zerkratzt ihm die Augen, das Gesicht gar jämmerlich. Geht in dieser Zeit ein Hund sie an, so hebt sie die Tatzen mit hervorgestreckten Klauen und weicht nicht. Hat sie noch den Rücken frei, so ist sie getrost; denn die Seiten kann sie mit ihren Hieben sichern; sie kann die Tatzen wie Hände gebrauchen. Es können fünf und noch mehr Hunde kommen, sie ordentlich belagern und gegen sie prallen, sie weicht nicht. Sie könnte mit einem Satze weit über sie hinausspringen, aber sie weiß, dass sie alsdann verloren sei; denn der Hund holte sie ein. Zieht dieser, ohne sie angegriffen zu haben, endlich sich zurück, so bleibt sie oft ganz ruhig sitzen, erwartet, wenn die Hunde wollen, noch zehn Angriffe und hält alles aus“ (zit. nach Brehm 1876, S. 468).

Von Brehm selbst, der meint, dass es kein Tier gibt, bei dem sich das, was wir Mutterliebe nennen, so deutlich zeigt wie bei der Katze, stammt die vielleicht eindringlichste und rührendste Darstellung der Aufzucht der Jungen: „Keine Menschenmutter kann mit größerer Zärtlichkeit und Hingebung der Pflege ihrer Kinderchen sich widmen als die Katze. In jeder Bewegung, in jedem Laute der Stimme, in dem ganzen Gebaren gibt sich Innigkeit, Sorgsamkeit, Liebe und Rücksichtnahme nicht allein auf die Bedürfnisse, sondern auch auf die Wünsche der Kinderchen kund. Solange diese klein und hilflos sind, beschäftigt sich die Alte hauptsächlich nur mit ihrer Ernährung und Reinigung. Behutsam nähert sie sich dem Lager, vorsichtig setzt sie ihre Füße zwischen die krabbelnde Gesellschaft, leckend holt sie eines der Kätzchen nach dem anderen herbei, um es an das Gesäuge zu bringen, ununterbrochen ist sie bestrebt, jedes Härchen glatt zu legen, Augen und Ohren, selbst den After rein zu halten. Noch äußert sich ihre Liebe ohne Laute: Sie liegt stumm neben den Kleinen, spinnt höchstens dann und wann, gleichsam um sich die Zeit, welche sie den Kinderchen widmen muss, zu kürzen. Scheint es ihr nötig zu sein, das Lager zu wechseln, so fasst sie eines der Kätzchen mit zartester Behutsamkeit an dem faltigen Felle der Genickgegend, mehr mit den Lippen als mit den scharfen Zähnen zugreifend, und trägt es, ohne dass ihm auch nur Unbehagen erwächst, einem sichereren Ort zu, die Geschwister eilig nachholend“ (Brehm 1876, S. 472 f.).

Wenn die Jungen heranwachsen, ändert die Mutter ihr Benehmen gegen sie. Sie beginnt ihren Nachwuchs im Spiel zu unterrichten: „Sie wird zum Kinde mit den Kindern, aus Liebe zu ihnen, genau ebenso, wie die Menschenmutter sich herbeilässt, mit ihren Sprösslingen zu tändeln. Mit scheinbarem Ernste sitzt sie mitten unter den Kätzchen ... und lässt, mit mancher Menschenmutter zu empfehlenden Seelenruhe, alles über sich ergehen. Kein Laut des Unwillens, höchstens gemütliches Spinnen macht sich hörbar ... Bald liegt sie auf dem Rücken und spielt mit Vorder- und Hinterfüßen, die Jungen wie Fangbälle umherwerfend; bald sitzt sie mitten unter der sich balgenden Gesellschaft, stürzt mit einem Tatzenschlage das eine Junge um, häkelt das andere zu sich heran und lehrt durch unfehlbare Griffe der trotz aller Unruhe achtsamen Kinderschaft fachgemäßen Gebrauch der krallenbewehrten Pranken; bald wieder erhebt sie sich, rennt eiligen Laufes eine Strecke weit weg und lockt dadurch das Völkchen nach sich, offenbar in der Absicht, ihm Gelenkigkeit und Behändigkeit beizubringen. Nach wenigen Lehrstunden haben die Kätzchen überraschende Fortschritte gemacht ... Nunmehr scheint der Alten die Zeit gekommen zu sein, auch das in den Kinderchen noch schlummernde Raubtier zu wecken. Anstatt des Spielzeuges, zu welchem jeder leicht bewegliche Gegenstand dienen muss, anstatt der Steinchen, Kugeln, Wollflecke, Papierfetzen und dergleichen, bringt sie eine von ihr gefangene, noch lebende und möglichst wenig verletzte Maus oder ein erbeutetes, mit derselben Vorsicht behandeltes Vögelchen, nötigenfalls eine Heuschrecke, in das Kinderzimmer. Allgemeines Erstaunen der kleinen Gesellschaft, doch nur einen Augenblick. Bald regt sich die Spielsucht mächtig, kurz darauf auch die Raublust. Solcher Gegenstand ist denn doch zu verlockend für das bereits wohl geübte Raubzeug. Er bewegt sich nicht bloß, sondern leistet auch Widerstand. Hier muss derb zugegriffen und festgehalten werden: so viel ergibt sich schon bei den ersten Versuchen; denn die Maus entschlüpfte dem jungen Kätzchen, welches sie doch sicher gefasst zu haben vermeinte, überraschend schnell und konnte nur durch die achtsame Mutter an ihrer Flucht gehindert werden. Der nächste Fangversuch fällt schon besser aus" (Brehm 1876, S. 473 f.).

Genau in derselben Weise wie ihre eigenen Jungen behandelt die Katze ihre Pflegekinder. Sie reinigt diese mit derselben Sorgfalt, bemuttert sie mit derselben Zärtlichkeit, versucht, sie mit demselben Eifer zu unterrichten, führt und leitet sie noch lange Zeit. Brehm kannte nicht nur viele Beispiele, dass säugende Katzen kleine Hündchen, Füchschen, Kaninchen, Häschen, Eichhörnchen, Ratten, ja sogar Mäuse säugten und großzogen, sondern hatte selbst als Knabe mit seiner Katze derartige Versuche gemacht und bestätigt gefunden: „Einer jung von mir aufgezogenen Katze brachte ich, als sie das erste Mal Junge geworfen hatte, ein noch blindes Eichhörnchen, das einzige überlebende von dem ganzen Wurfe, welchen wir hatten großziehen wollen. Die übrigen Geschwister des kleinen netten Nagers waren unter unserer Pflege gestorben, und deshalb beschlossen wir, zu versuchen, ob nicht unsere Katze sich der Waise annehmen werde. Und sie erfüllte das in sie gesetzte Vertrauen. Mit Zärtlichkeit nahm sie das fremde Kind unter ihre eigenen auf, nährte und wärmte es aufs beste und behandelte es gleich vom Anfange an mit wahrhaft mütterlicher Hingebung. Das Eichhörnchen gedieh mit seinen Stiefbrüdern vortrefflich und blieb, nachdem diese schon weggegeben waren, noch bei seiner Pflegemuter. Nunmehr schien diese das Geschöpf mit doppelter Liebe anzusehen. Es bildete sich ein Verhältnis aus, so innig, als es nur immer sein konnte. Mutter und Pflegekind verstanden sich vollkommen, die Katze rief nach Katzenart, Eichhörnchen antwortete mit Knurren. Bald lief es seiner Pflegerin durch das ganze Haus und später auch in den Garten nach" (Brehm 1876, S. 471). Als das Eichhörnchen durch einen unglücklichen Zufall leider bald sein Leben verlor, behielt die Katze aber ihre Liebe zu Pfleglingen trotzdem bei. Sie säugte später junge Kaninchen, Ratten und junge Hunde groß.

Auch die übliche Vorstellung, dass die Katzen keine wirkliche Beziehung zum Menschen, sondern vielmehr nur zum Haus haben, in dem sie Nahrung und Wärme finden, wird von Brehm kritisiert und durch erstaunliche Beispiele widerlegt: „Gewöhnlich nimmt man an, dass die Katze nicht erziehungsfähig sei, tut ihr damit aber großes Unrecht. Sie bekundet, wenn sie gut und verständig behandelt worden ist, innige Zuneigung zu dem Menschen. Es gibt Katzen, und ich kannte selbst solche, welche schon mehrere Male mit ihren bezüglichen Herrschaften von einer Wohnung in die andere gezogen sind, ohne dass es ihnen eingefallen wäre, nach dem alten Hause zurückzukehren. Sie urteilten eben, dass der Mensch ihnen in diesen Fällen mehr wert sei als das Haus. Andere Katzen kommen, sobald sie ihren Herrn von weitem sehen, augenblicklich zu demselben heran, schmeicheln und liebkosen ihm, spinnen vertraulich und suchen ihm auf alle Weise ihre Zuneigung an den Tag zu legen. Sie unterscheiden dabei sehr wohl zwischen ihnen bekannten und fremden Personen und lassen sich von ersteren, zumal von Kindern, unglaublich viel gefallen, freilich nicht so viel wie alle Hunde, aber doch ebenso viel wie manche. Andere Katzen begleiten ihre Herrschaft in sehr artiger Weise bei Spaziergängen durch Hof und Garten, Feld und Wald: Ich selbst kannte zwei Kater, welche sogar den Gästen ihrer Gebieterin in höchst liebenswürdiger Weise das Geleit gaben, zehn bis fünfzehn Minuten weit mitgingen, dann aber mit Schmeicheln und wohlwollendem Schnurren Abschied nahmen und zurückkehrten" (Brehm 1876, S. 474).

Ebenso wie Reichenbach versucht auch Brehm, den seit der Antike immer wieder geäußerten schlechten Ruf der Katze als Vogelmörder zu beseitigen. Er beruft sich nicht nur auf die gleiche Geschichte von der Rettung eines Kanarienvogels, wie sie schon Reichenbach geschildert hat, sondern er kann auch auf die Katze seines Vaters Christian Ludwig Brehm hinweisen, der ein bekannter Ornithologe war und eine berühmte Sammlung von mehr als 9000 Vögel angelegt hatte. Diese Katze bekundete eine Anhänglichkeit an seinen Vater, welche von der des treuesten Hundes nicht hätte übertroffen werden können. Jeden Vogel, den sie gefangen hatte, brachte sie ihrem Herrn, der entscheiden sollte, ob dieser Vogel, der kaum oder nicht verletzt war, wiederum in Freiheit gesetzt oder für die Sammlung verwendet werden sollte; niemals aber vergriff sie sich, was andere Katzen nicht selten tun, an den ausgestopften Stücken der Sammlung. Sie durfte deshalb auch unbedenklich im Zimmer gelassen werden, wenn alle Tische und Schränke voll von Vogelbälgen waren. Auf den ersten Ruf erschien sie sofort, schmeichelnd oder bettelnd; je nachdem sie erkannt hatte, ob sie bloß zur Gesellschaft dienen oder einen ihr aufgesparten Bissen erhalten sollte. Schrieb oder las der alte Brehm, so saß die Katze in der Regel, behaglich spinnend, auf seiner Schulter; verließ er das Haus, ging sie mit ihm. Während der letzten Krankheit besuchte sie ihn stundenlang und versuchte ihm Freude zu bereiten, indem sie fast täglich frisch gefangene und getötete Vögel zu den in Kistchen und Schachteln verwahrten ausgestopften Vögeln legte (vgl. Brehm 1876, S. 475 f.). Als Brehms Vater starb, wollte diese treue Katze ähnlich wie ein treuer Hund freiwillig von der Leiche und dem Sarge ihres Herrn nicht weichen und, weggenommen, kehrte sie immer wieder dorthin zurück.

3. Erkenntnisse der modernen Verhaltensforschung

Als einer der Ersten hat Konrad Lorenz vom Standpunkt der modernen vergleichenden Verhaltensforschung in seinem bekannten populären Hundebuch auch einen wesentlichen Beitrag zur Aufklärung des Verhaltens der Katze geliefert, der weit über das Berichten von Anekdoten hinausgeht. Es war vor allem die immer wieder ungeprüft übernommene Rede von der Falschheit der Katzen, die er mit scharfen Worten kritisiert: „Zu den sprichwörtlich gewordenen Dummheiten, gegen welche die Wissenschaft vergeblich kämpft, gehört die Meinung, Katzen seien falsch. Es ist mir unklar, wie sie entstanden sein mag. Unmöglich kann dazu die Jagdweise der Katze beigetragen haben, das leise Beschleichen der Beute, denn Tiger und Löwen jagen nicht anders" (Lorenz 1991, S. 64). Für ihn gibt es kein einziges der Katze eigentümliches Verhalten, das man nur annähernd, wenn auch zu Unrecht, „falsch" nennen könnte. Im Gegenteil weiß man bei der Katze immer, woran man ist und welche Handlung für den nächsten Augenblick erwartet werden kann. All das kann der Kenner im Gesicht der Katze eindeutig ablesen: „Wie unmissverständlich ist der Ausdruck vertrauensvoller Freundlichkeit, wenn das Gesicht faltenlos dem Beschauer zugewandt ist, die Ohren aufgerichtet sind und die Augen offen stehen, wie unmittelbar drückt sich jede aufwallende, ängstliche oder feindselige Erregung in den Spannungszuständen der mimischen Muskulatur aus." Beim leisesten Anklingen von Misstrauen werden die unschuldig runden Augen etwas länglich und schräg und die Ohren geben ihre aufrechte und „zugeneigte" Stellung auf. Noch ausdrucksvoller und differenzierter sind die Drohstellungen der Katze. Je nachdem, wem sie gelten, dem befreundeten Menschen, wenn er sich zu viel herausnimmt, oder einem ernstlich gefürchteten Feind, sind sie ganz verschieden, aber auch je nachdem, ob die Drohung bloß defensiv gemeint ist oder ob sich die Katze dem Gegner überlegen fühlt und ihren Angriff ankündigt.

Das ist eine Erkenntnis, die bereits auf Darwin zurückgeht, der schon sehr genau die verschiedenen Körperstellungen und Ausdrucksbewegungen der Katze beschrieben und erklärt hat (vgl. Abb. 7), je nachdem, ob sie böse ist und zum Angriff übergeht oder freundlich gesinnt ist und nach Zärtlichkeiten verlangt. So liefert er in seinem berühmten Buch über den >Ausdruck der Gemütsbewegungen bei dem Menschen und den Tieren< zunächst eine ausführliche Schilderung der bösen Katze, die sich zum Kampf vorbereitet: „Die Stellung ist fast genau dieselbe wie die von einem Tiger, welcher gestört wird und über seinem Futter knurrt, was ja jeder in Menagerien gesehen haben muss. Das Tier nimmt eine kauernde Stellung an, der Körper ist ganz ausgestreckt und der Schwanz wird entweder ganz oder nur die Spitze von einer Seite zur andern geschwungen oder gekrümmt. Das Haar ist überhaupt nicht im mindesten aufgerichtet. So weit sind sowohl die Stellung als auch die Bewegungen nahezu die nämlichen, wie wenn das Tier bereit ist, auf seine Beute einzuspringen und wenn es ohne Zweifel böse ist. Bereitet es sich aber zum Kampfe vor, dann tritt der Unterschied ein, dass die Ohren nicht nach hinten gedrückt werden; der Mund wird zum Teil geöffnet und zeigt die Zähne; die Vorderfüße werden gelegentlich mit vorgestreckten Krallen vorgestoßen, und gelegentlich stößt das Tier ein wütendes Knurren aus" (Darwin 1877, S. 50).

Als den genauen Gegensatz zu dieser Stellung sieht Darwin jene Haltung an, welche eine freundliche Katze dem Gegenstand ihrer Zuneigung entgegenbringt: „Wir wollen nun einmal eine Katze in einer gerade entgegengesetzten Stimmung betrachten, während sie sich recht zuneigungsvoll fühlt und ihren Herrn liebkost. Man beachte hier, wie entgegengesetzt dabei ihre ganze Haltung in jeder Hinsicht ist. Sie ist jetzt aufrecht, mit dem Rücken leicht gekrümmt, was das Haar ziemlich rau erscheinen lässt, ohne dass es sich jedoch sträubt; anstatt dass der Schwanz ausgestreckt gehalten und von der einen zur anderen Seite geworfen wird, wird derselbe vollständig steif und fast senkrecht in die Höhe gehalten; die Ohren sind aufrecht und gespitzt, das Maul ist geschlossen, und das Tier reibt sich an seinem Herrn mit einem Schnurren statt eines Knurrens" (Darwin 1877, S. 50).

In diesen beiden Fällen glaubt Darwin allen Grund zu haben, annehmen zu können, dass „die Gebärden sowohl der Feindseligkeit als auch der Zuneigung angeboren oder ererbt sind; denn sie sind in den verschiedenen Rassen der Species und in allen Individuen einer und der nämlichen Rasse, sowohl jungen als alten, beinahe identisch dieselben" (Darwin 1877, S. 51). Das gilt auch für jene bekannte Stellung, die eine Katze einnimmt, wenn sie von einem Hund erschreckt wird und die Darwin auf folgende Weise in allen Einzelheiten beschreibt: „Werden Katzen erschreckt, so stehen sie in voller Höhe da und krümmen ihren Rücken in einer bekannten lächerlichen Art. Sie spucken, zischen oder knurren. Das Haar am ganzen Körper und besonders am Schwanze richtet sich auf. In den von mir beobachteten Fällen wurde der Basalteil des Schwanzes aufrecht, der Endteil nach einer Sei-

Abb. 7: Ausdrucksbewegungen der Katze: Angriff, Zuneigung, Erschrecken (aus Darwin 1877)

te gebogen getragen. Aber zuweilen wird der Schwanz nur ein wenig erhoben und fast von seiner Basis an nach der einen Seite gebogen. Die Ohren werden zurückgezogen und die Zähne exponiert. Wenn zwei junge Kätzchen miteinander spielen, so versucht das eine häufig das andere in dieser Weise zu erschrecken“ (Darwin 1877, S. 116f.). Auch für den Katzenbuckel liefert Darwin eine bis heute gültige Erklärung: „Ich bin zu der Annahme geneigt, dass in derselben Weise wie viele Vögel, während sie ihre Federn schütteln, dabei ihre Flügel und ihren Schwanz ausbreiten, um sich so groß als möglich aussehen zu machen, auch Katzen in ihrer vollen Größe aufrecht dastehen, ihren Rücken krümmen, häufig den Basalteil ihres Schwanzes erheben und ihr Haar emporrichten, um denselben Zweck zu erreichen“ (Darwin 1877, S.117). Diese Krümmung des Rückens, fügt Darwin hinzu, wurde auch beim Luchs beobachtet, wenn er angegriffen wird, während die Wärter im zoologischen Garten keine derartige Stellung bei größeren katzenartigen Tieren wie Tiger, Löwen usw. gesehen haben. Diese haben aber auch wenig Ursache, sich vor irgendeinem anderen Tier zu fürchten.

Nach Lorenz greift eine Katze niemals an, ohne den Gegner ernst und verständlich gewarnt zu haben. Das gilt nicht nur für angreifende Hunde, die sie meist dadurch erfolgreich vertreibt, indem sie den bekannten Buckel macht, sondern auch für Menschen, die ihr zu nahe treten. Diese Art gehemmter Drohgebärden, die von um Gnade flehenden Gesten der Unterwerfung überlagert werden, kann man nach Lorenz oft auf Katzenausstellungen beobachten, wo die Tiere in fremder Umgebung sind und sich von fremden Menschen – beispielsweise von Preisrichtern – angreifen lassen müssen: „Wird die Katze durch derartige Umstände in Angst versetzt, duckt sie sich, ihr Körper wird immer niedriger, bis er schließlich eng an die Unterlage geschmiegt ist. Die Ohren sind drohend flachgelegt, die Schwanzspitze peitscht erregt hin und her, bei höheren Graden der Erregung beginnt die Katze zuweilen auch zu knurren. In dieser Stimmung sucht das Tier unbedingt Rückendeckung …; ist eine derartige Deckung nicht erreichbar, drückt sie sich wenigstens an die Wand, und zwar stets so, dass sie mit dem Rücken zur Wand gewendet und, an diese gepresst, schräg daliegt. Die Schräglage ist selbst dann zu bemerken, wenn das bedrängte Tier frei auf dem Tische vor dem Preisrichter sitzen muss; sie bedeutet eine drohende Andeutung der Bereitschaft, mit der einen Vorderpranke zuzuschlagen. Je ängstlicher das Tier wird, desto schiefer liegt es da, schließlich hebt es eine Pfote, von der schlagbereit die Krallen herausragen. Bei einer weiteren Steigerung der Angst führt dieselbe Reaktionsweise zu der letzten, verzweifelten Verteidigungsmaßnahme, die der Katze zur Verfügung steht: Sie rollt sich auf den Rücken und kehrt alle Waffen dem Bedränger zu. … Obwohl die Katze in solchen Fällen unmissverständlich sagt: ‘Fass mich nicht an, ich werde sonst beißen und zuschlagen’, tut sie dies im entscheidenden

Moment doch nicht, oder nur gehemmt und mit geringer Durchschlagskraft. Noch unter dieser schweren Beanspruchung halten die erworbenen Hemmungen des gezähmten ‘artigen’ Tigers stand! Die Katze stellt sich also nicht vorher freundlich, um dann plötzlich zu beißen und zu kratzen, sondern sie droht, um den von ihrem Standpunkt aus unerträglichen Belästigungen der Preisrichter zu entgehen, bringt es aber dann doch nicht übers Herz, die Drohungen wahr zu machen. So also ist es mit der ‘Falschheit’ der Katze bestellt“ (nach Lorenz 1991, S. 66 f.).

Die eigentliche Aufklärungsarbeit über das so widersprüchlich interpretierte Verhalten der Katze hat jedoch vor allem Paul Leyhausen geleistet. In jahrzehntelangem täglichem Umgang mit Katzen und vieljähriger intensiver Beobachtungs- und Versuchsarbeit erforschte er das Verhaltensinventar der Katze und konnte auf experimentell begründete Weise die Missdeutungen des Katzenverhaltens seiner wissenschaftlichen Vorläufer korrigieren. Angefangen mit dem üblen Ruf als Vogelmörder und Kannibale über das angeblich überzogene Sexualverhalten der Katze bis zum angeblich hinterlistigen und egoistischen Verhalten gegenüber dem Menschen beseitigte Leyhausen alle diese populär gewordenen Vorurteile über die Katze aus den Anfängen der Tierkunde.

Die Aufgabenstellung seiner jahrzehntelangen Beschäftigung mit Katzen hat Leyhausen in drei Punkten formuliert. Er wollte

1. durch Beobachtung, Vergleich und vorsichtige Versuche die Evolution komplexer Verhaltenssysteme eines hoch entwickelten Säugetieres und das Ineinanderwirken der verschiedenen Faktoren und ihren jeweiligen Anteil am Ergebnis in der Ontogenie erforschen;

2. wollte er dem Forscher, der in physiologischen oder pharmakologischen Laboratorium mit anderen Mitteln und Fragestellungen an der Katze experimentiert, das Wesen und die Ausdrucksmöglichkeiten seines Versuchstiers besser verständlich machen und ihn dadurch in die Lage versetzen, seine Resultate sicherer und in den Einzelheiten reicher auszuwerten – damit würde hoffentlich auch die Zahl der nötigen Versuche verringert;

3. wollte Leyhausen aus den gewonnenen Ergebnissen das allgemein Säugetiertypische so herausarbeiten, „dass es zur Aufklärung unseres eigenen menschlichen, so verwirrenden Verhaltens beizutragen vermag“ (nach Leyhausen 1982, S. 9).

Warum für die Selbsterkenntnis des Menschen gerade Raubtierstudien neben Primatenstudien von hohem Nutzen sind, sieht Leyhausen darin begründet, dass der zur Jagd übergegangene Vor- und Urmensch durch die so veränderte ökologische Situation Verhaltenskonvergenzen mit Raubtieren entwickelt hat, für die es im Verhalten ihrer nächsten Primatenverwandten keine Parallelen gab und gibt, so dass Primatenstudien zu ihrer Aufhellung auch nicht ausreichen. Die zweite, einschneidende Änderung in der ökologischen Situation des Menschen war dann der Übergang zu Ackerbau und Sesshaftigkeit, und auch diese blieb nicht ohne Einfluss auf seine Verhaltensentwicklung; gerade zum Verständnis dieser Seite menschlichen Verhaltens haben Katzenstudien einiges Neue beigetragen – sehr zu Leyhausens eigener Überraschung! Durch das enge Zusammenleben mit Hunden und Katzen hat der Mensch also nicht nur hundeartige Züge (vgl. Oeser 2004), sondern auch katzenartige Züge in seinem Verhalten erworben.

Am Beginn seiner Untersuchungen macht Leyhausen darauf aufmerksam, dass alles und jedes an einem Lebewesen eine mindestens zweifache Entstehungsgeschichte hat: die Stammesgeschichte (Phylogenese) der Art, der es angehört, und die Entwicklungsgeschichte des betreffenden Individuums (Ontogenese): „Die erste bestimmt, was aus der soeben befruchteten Eizelle werden kann: Aus einem Hühnerei kriecht niemals ein Krokodil. Die zweite bestimmt, was im Einzelnen wirklich daraus wird – zum großen Teil wenigstens, im Zusammenwirken mit der genetischen Verschiedenheit der Individuen“ (Leyhausen 1982, S. 12). Wenn man am Lebewesen aber nicht nur Strukturen, sondern Funktionen, und unter diesen besonders solche Verhaltensweisen, die nicht ständig gleichmäßig oder in regelmäßigem Rhythmus ablaufen, betrachtet, so haben diese Vorgänge noch eine eigene, besondere, aktuelle Entstehungsgeschichte, die Leyhausen in Anlehnung an den aus der Gestaltpsychologie stammenden Begriff der Aktualgenese als Aktogenese bezeichnet. Diese drei Entstehungsgeschichten haben an jeder kleinsten Verhaltensregung mitgewirkt. Daher vertritt Leyhausen auch die Meinung, dass die Analyse Stückwerk bleibt, wenn man sie nicht alle drei aufklärt.

Das trifft besonders auf so hoch entwickelte Säugetiere zu wie die Hauskatze, die sowohl ein differenziertes angeborenes als auch erlerntes Verhaltensrepertoire besitzt und darüber hinaus ein überraschend reiches variables Verhalten in aktuellen Situationen aufweist. Doch Leyhausen warnt mit Recht vor der Idee, wir könnten in einer „angeborenen“ Verhaltensweise etwas sehen, das nicht epigenetisch, d.h. durch Zusammenwirken von Erbe und Umwelt während der Entwicklung des Individuums, entsteht. Unter dem Begriff „angeboren“ hat ein europäischer Ethologe nie etwas anderes verstanden als umweltstabile Verhaltensweisen, die zur Klärung der Verwandtschaftsbeziehungen zwischen verschiedenen Arten mit Erfolg benutzt werden können. Solche umweltstabile Verhaltensweisen sind jedoch nicht ein Hemmnis, sondern ganz im Gegenteil erst eine unerlässliche Voraussetzung für die Entwicklung und die Funktion anpassungsfähiger Verhaltensweisen. Nach diesen in der europäischen Ethologie allgemein anerkannten Grundvorstellungen untersuchte Leyhausen sowohl das Beutefangverhalten als auch das Sozialverhalten der Katzen und kommt auf diese Weise zu wesentlichen Korrekturen der populären Vorstellungen vom Naturell oder Charakter der Hauskatze.

Die Katze als Vogelmörder

Hauskatzen können grundsätzlich jedes lebende Tier, das nicht größer ist als sie selbst, erbeuten. Im Allgemeinen wagen sie sich aber nicht an Tiere über Ratten- bzw. Taubengröße. Insekten bis hinab zur Stubenfliege haschen sie eifrig und verzehren sie auch meist gierig. Frösche und Kröten werden spielerisch gefangen, wobei jene auch getötet und gelegentlich verzehrt werden, ebenso Eidechsen und Schlangen. Auch Vögel aller Art stehen auf der Beuteliste.

Die bevorzugte Beute sind jedoch Mäuse und Ratten. Nach Leyhausen wird über die Frage, ob die Hauskatze unseren Kleinvogelbestand gefährde und ob man jede im Niederjagdrevier streunende Hauskatze unbedingt gleich abschießen müsse, leider meist mehr mit Leidenschaft und Vorurteilen gestritten als mit Sachkenntnis und Willen zur Objektivität. Alle Katzen jagen zwar mit gleichem Eifer Vögel wie Nager, und viele fressen Vögel sichtbar lieber. Aber sie bekommen sie nicht so leicht, und die meisten geben daher mit zunehmender Erfahrung die Jagd bald auf. Im Laufe der Jahre hat Leyhausen unzählige Male im Freien beobachtet, wie Katzen eine Maus oder Ratte fingen, ebenso oft wie sie einen Vogel beschlichen. Aber nie sah er, dass sie einen gesunden, flugfähigen Singvogel wirklich erwischten. Gewiss kommt das vor, aber eben nur selten.

Wie häufig Katzen zu Unrecht als üble Vogelfänger verschrien werden, beweisen folgende Beispiele: So nahmen kurz nach dem Zweiten Weltkrieg in den Trümmerfeldern der Freiburger Altstadt trotz reichlich vorhandener „Trümmerkatzen" die Gartenrotschwänze in ganz auffälliger Weise zu, obwohl diese Vogelart häufig ihre Nester so anlegt, dass sie für Katzen besonders leicht zugänglich sind. Als weiteres von ihm selbst kontrolliertes Beispiel führt Leyhausen an, dass aus einem Bonner Park zwei streunende Katzen in Fallen herausgefangen wurden, weil sie angeblich die Vögel an den dort vorhandenen Vogelschutzhäuschen abfingen. Sie wurden Leyhausen für seine Untersuchungen übergeben. Dabei stellte sich heraus, dass beide weder tote noch lebende Vögel annahmen. Die eine Katze war eine ausgezeichnete Mausefängerin, die andere interessierte sich zu gewöhnlichen

Zeiten für keinerlei Beutetiere; nur wenn sie Junge im entsprechenden Alter hatte, trug sie Mäuse zum Nest und fraß sie dann auch selbst. Eintagsküken rührte sie auch dann nicht an.

Das alles schließt nicht aus, dass gelegentlich einmal in einem Vorgarten eine Vogelbrut von Katzen vernichtet wird. Unsere Stadtkatzen werden allerdings heute vielfach durch das fast völlige Fehlen der Nager in ihrem Revier geradezu gezwungen, sich an Vögel zu halten, um ihre aufgestaute Jagdstimmung abzureagieren. Aber auch unter diesen Umständen sind Katzen nicht in der Lage, den Singvogelbestand eines größeren Bezirks ernsthaft zu gefährden. Sie erwischen fast immer nur alte, kranke und junge Tiere. Es gibt wohl auch einmal eine Katze, deren Jagdweise von der Norm individuell stark abweicht und die daher bei der Vogeljagd ungewöhnlich erfolgreich ist. Aber im Ganzen betrachtet spielt dies sicher keine Rolle. Die Argumente der leidenschaftlichen Vogelschützer können also im – sehr seltenen – Einzelfall zutreffen, im Ganzen gesehen aber sind sie unhaltbar. Eine Behinderung oder Einschränkung der Katzenhaltung aus Gründen des Vogelschutzes ist daher nach Leyhausen abzulehnen.

Eine echte Gefahr sind jedoch die Katzen für die auf Inseln lebenden Vögel. Besonders gefährdet sind jene Vogelarten, die sich vorwiegend am Boden aufhalten. So bieten auf den Inseln der Subantarktis die Sturmtauchervögel der Katze reiche Beute. Diese Vögel sind nur zwanzig Zentimeter lang, legen ihr einziges Ei in leicht zugängliche Höhlen auf weiche Erde. Hinzu kommt, dass ihre Fortpflanzungs- und Schlüpfperioden ungewöhnlich lange dauern.

Auch auf den Galapagos-Inseln sind verwilderte Katzen zur Bedrohung des einzigartigen, nicht flugfähigen Kormorans geworden, der dort vorwiegend in einem kalten Kanal fischt. Normalerweise lebt er sonst außerhalb der Reichweite der verwilderten Haustiere in einem vulkanischen Lavagebiet. Weder Hunde noch Schildkröten können diesen mit rasiermesserscharfen Rillen bedeckten Boden überschreiten. Nur die Katzen können es. Die Stummelflügel dieses Kormorans bringen ihm unter Wasser Vorteile; an Land wurden diese jedoch zum tödlichen Nachteil, nachdem die von den Seefahrern eingeführten Katzen sich überall auf den Inseln ausgebreitet hatten.

Noch drastischer ist aber der bereits historisch gewordene Fall, dass Ende des neunzehnten Jahrhunderts eine einzige Katze die Ursache für die Ausrottung einer ganzen Vogelspezies war. Es war ein kleiner Zaunkönig, der Stephens Island Wren, der einzige, sich an erhöhter Stelle niederlassende flugunfähige Vogel, den man jemals angetroffen hat. Seine Heimat war eine Insel bei Neuseeland von nur gerade einer Quadratmeile. Dieser Vogel wurde von der Katze des Leuchtturmwärters entdeckt und ausgerottet. Die kleine Vogelpopulation hatte keine Chance. Nicht nur, dass diese Vögel nicht fliegen konnten, sie waren auch Nachttiere wie die Katze. Der Leuchtturmwärter, dem die Katze ihre Fänge nach Hause brachte, kannte den Vogel nicht, gab aber einem Ornithologen die Körper. Nur so erfuhr die Öffentlichkeit von dem traurigen Schicksal einer ganzen Vogelart. Die Canterbury Press von Neuseeland berichtete 1895: „Wahrscheinlich ist dies eine Rekordleistung beim Ausrotten einer ganzen Art. Die englische Wissenschaft hat gleichzeitig von ihrer Entdeckung wie auch von ihrer Ausrottung erfahren" (vgl. Tabor 1996, S. 89).

Sexualverhalten und Kannibalismus

Die angebliche „Wollüstigkeit" der Katze, die den paarungsunwilligen Kater bedrängt, hat einen einfachen Grund in der unterschiedlichen Begattungsbereitschaft. So erreicht der Kater viel schneller als die Katze die volle Begattungsbereitschaft (Leyhausen 1982, S. 214). Er dringt daher anfangs stürmisch auf die Katze ein. Sie aber flieht zunächst vor ihm, oft über weite Strecken, und wehrt ihn mit heftigen Tatzenhieben und lautem Kreischen ab, wenn er ihr zu nahe kommt. Stellt er jedoch die Verfolgung ein, so hält auch sie bald an, gibt Köpfchen und wälzt sich. Der Kater nähert sich darauf wieder, aber sobald er die oben genannte Distanz unterschreitet, beginnt die Jagd von neuem. Im Freien kann das Spiel mit der „Kokettierflucht" tagelang gehen, ehe die Katze den Kater näher heranlässt. Wenn die Katze endlich Halt gemacht hat, folgt ihr der Kater nur langsam und mit vielen Pausen. Während der Pausen stößt er, meist im Sitzen, purrende und mauzende Töne aus, die Leyhausen als „Plaudern" bezeichnet. Nach all diesen langwierigen Vorbereitungen kommt es dann ganz plötzlich zur Begattung. Nach einiger Zeit tauschen jedoch die Tiere ihre Rollen: Während bisher der Kater aktiver war, sinkt nun sein „Aktualspiegel" allmählich, während er bei der Katze auf seiner Höhe bleibt, ja noch weiter ansteigt. Als erstes Anzeichen dieser Wende nähert sich der Kater wie bisher auf einige Meter, kehrt dann aber um und läuft in mäßigem Trab davon, wobei er sich mehrfach umsieht; die Katze folgt nun ihm. So traben beide eine kleine Strecke hintereinander her. Hält der Kater nicht an, so trachtet die Katze, ihn zu überholen und versucht dann, ihn durch Wälzen zur Wiederaufnahme des einleitenden Spiels zu bewegen; meist gelingt das in diesem Stadium auch noch. Nach einigen Tagen aber reicht die Appetenz des Katers nicht mehr aus; er bleibt sitzen, hocken oder sogar liegen.

So geht die Initiative an die Katze über. Je weiter die Hitzeperiode fortschreitet, umso häufiger und ausdauernder muss sie den Kater auffordern, ehe er sie, oft geradezu widerwillig, begattet (vgl. Leyhausen 1982, S. 218).

Auch der immer wieder geäußerte Verdacht des Kannibalismus des Katers und sogar der Katzenmutter gegenüber ihren Jungen ist nach den Untersuchungen von Leyhausen grundsätzlich unhaltbar. Er ist bei der Katze überhaupt nicht nachweisbar und kommt beim Kater nur selten und nur dann vor, wenn der erwachsene Kater versucht, die Jungen zu begatten. Seine Bemühungen sind natürlich aus den Größenverhältnissen heraus und auch anatomisch zum Misserfolg verurteilt; dies steigert seine Erregung, er verstärkt den Nackengriff immer mehr und verletzt und tötet so schließlich das Junge. Tote Jungtiere aber werden oft an- und aufgefressen. Diese Verhältnisse sind wahrscheinlich nach Leyhausens Meinung der wahre Kern der weit verbreiteten Meinung, Kater hätten ganz allgemein kannibalistische Neigungen gegenüber ihrem eigenen Nachwuchs.

Die Aufzucht der Jungen

Besonders umfangreiche und genaue experimentelle Untersuchungen hat Leyhausen den Verhaltensweisen der Mutterkatze gewidmet, die eine im weiteren Sinne soziale Bedeutung haben: das Zusammenhalten des Wurfs, seine Verteidigung, seine „Belehrung“ und schließlich auch die Auflösung des Familienzusammenhalts.

Eines der auffälligsten und immer wieder in vielen Anekdoten berichteten Verhaltensweisen der Mutterkatze ist der so genannte „Jungentransport“ in der frühen Phase der Aufzucht. Wenn ein Junges, was unter natürlichen Verhältnissen gar nicht so selten geschieht, aus dem Nest gerät, greift die Mutter das Junge unmittelbar hinter dem Kopf am Halse und trägt es wieder zum Nest zurück. Wird die Mutter erheblich beim Nest gestört, so kann sie auf diese Weise auch den ganzen Wurf an einen neuen, ruhigeren Ort verschleppen. Um diese Instinkthandlung und ihre Auslöser zu erforschen, unternahm Leyhausen mehrere Versuchsreihen: Wenn man immer wieder ein Junges aus dem Nest nimmt und etwas abseits auf den Boden setzt, so holt die Mutter es viele Male nacheinander ins Nest zurück. Auslösend auf das Verhalten der Mutter wirkt nur der Schrei des Jungen. Bleibt es stumm, so rührt sein Anblick allein die Mutter nicht; sie sieht höchstens einmal flüchtig zu ihm hin, wird aber nie aus dem Nest aufstehen, um es zu holen. Schreit das Junge in größeren Abständen, so sieht man auch deutlich, wie die Mutter jedes Mal förmlich einen Ruck bekommt. Nach dem Eintragen beleckt die Mutter das Junge heftig und unterschiedslos auch die anderen im Nest verbliebenen.

In weiteren Versuchsreihen, bei denen das Junge über eine größere Strecke zu tragen war und die Stelle, an der es jedes Mal abgesetzt wurde, vom Nest aus nicht gesehen werden konnte, kehrte die Katze nach Versuchsende noch mehrfach kurz nach Eintragen des letzten Jungen an den Ort zurück und suchte minutenlang schnuppernd nach „mehr Jungen". Wenn man unmittelbar nach Eintragen eines Jungen schon das nächste aus dem Nest nimmt, so schafft das für die Katze sozusagen eine Dauersituation „Junges verloren". Auf diese Weise könnte sich die Instinkthandlung des „Junge-Einsammelns" ständig selbst aufladen und in ihrer Intensität steigern (vgl. Leyhausen 1982, S. 239).

Die Instinkthandlung ermüdet also nicht, sondern verstärkt sich sogar. Diese praktische Unerschöpflichkeit der Instinkthandlung selbst aber ist wichtig für den aus anderen Anlässen erfolgenden Nestwechsel der Mutterkatze. Hierbei darf ja kein Junges am alten Platz zurückbleiben, und da solche „Umzüge" oft über beträchtliche Entfernungen gehen, erfordern sie einen erheblichen Aufwand aktionsspezifischer Energie. Da die Katze nicht zählen kann, ist es auch zweckmäßig, wenn sie an der verlassenen Neststelle noch mehrfach nach „vergessenen" Jungen sucht. Das ist umso wichtiger, als die Mutter bei sehr großer Entfernung des neuen Nestes vom alten die Jungen meist vorübergehend an Zwischenstationen ablegt und sammelt, ehe sie die nächste Etappe beginnt. Einmal konnte Leyhausen beobachten, wie sie nicht nur die alte Neststelle, sondern auch beide Zwischenstationen wiederholt absuchte, nachdem bereits alle Jungen im neuen Nest waren (Leyhausen 1982, S. 240).

Sobald die Jungen gut laufen können, folgen sie der Mutter auf kurzen Ausflügen in der Nestumgebung. Wenn die Mutter anhält, laufen die Jungen zwar zu ihr hin, doch meist ohne anzuhalten an ihr vorbei und gehen allein auf Entdeckungen aus oder spielen, ohne sich allerdings allzu weit von der Mutter zu entfernen. Bei der Hauskatze duldet die Mutter aber nur in den letzten Wochen vor Auflösung des Familienzusammenhalts, dass die Jungen ihr über weitere Entfernung vom Nest weg folgen, und führt sie auch dann stets wieder dorthin zurück. Junge, die mit drei Wochen noch allzu sehr zögern, das Nest zu verlassen, nimmt die Mutter zuweilen beim Nacken und zieht sie hervor. In den ersten Wochen aber wacht sie auch über die Ausflüge der Kleinen und achtet darauf, dass sie einen gewissen Aktionsradius nicht überschreiten. Versuchen sie es, so nimmt die Mutter sie auf und trägt sie ins Nest oder in dessen Nähe zurück. Manche Mütter tun dies auch noch, wenn die Jungen längst zu schwer sind; unermüdlich zerren und schleifen sie die immer selbständiger werdenden, immer hartnäckiger in „verbotenes Land“ strebenden Jungen zurück (vgl. Leyhausen 1982, S. 242).

Die Verteidigung des Wurfes durch die Mutterkatze hat bereits Lorenz beschrieben: Wenn eine Mutterkatze ihre Jungen von einem Hund bedroht glaubt, geht sie auch aus größerer Entfernung ihrem Feind entgegen; da sie Buckel- und Breitseitsstellung beibehält, kommt eine höchst eigenartige Bewegungsweise zustande: „Die Katze galoppiert quer zu ihrer Längsachse auf den Gegner zu.“ An einem erwachsenen Kater hat Lorenz dieses Verhalten, ausgenommen im Spiel, nicht beobachtet. „Er kommt ja auch nie in die Lage, einen überlegenen Feind dergestalt angreifen zu müssen. Bei säugenden weiblichen Katzen jedoch bedeutet der Angriff in Breitseitsstellung immer den unbedingten und restlosen Opfermut. In diesem Zustand ist das sanfteste Kätzchen beinahe unüberwindlich“ (Lorenz 1991, S. 66 f.). Lorenz hat große Hunde, berüchtigte Katzentöter, vor solchem Angriff kapitulieren und fliehen gesehen.

Auch Leyhausen hat festgestellt, dass, solange die Jungen noch nicht fluchtfähig sind, die Mutter entgegen aller sonstigen Katzengepflogenheit auch vor einem weit überlegenen Gegner nicht fliehen darf. Die Katze greift dann auch über eine sonst ungewöhnliche Distanz und mit unglaublicher Geschwindigkeit an und bleibt in Sekundenschnelle als Siegerin zurück. Es handelt sich dabei immer um einen Verteidigungsangriff, bei dem nur geschlagen und nicht gebissen wird, solange die Katze nicht in Notwehr gerät.

Auch wenn die Jungen schon größer sind und das Nest bereits zu Spiel und kurzen Ausflügen verlassen, verteidigt die Mutter bei Gefahr das Nest und scheucht die Jungen durch Fauchen und Tatzenhiebe dorthin zurück. So jagte eine Katze die vor einem Stalleingang spielenden, bereits etwa 8 Wochen alten Jungen in den Stall zurück, als Leyhausen sich näherte, und blieb drohend unter der Tür stehen. Sobald er sich rührte, begann sie zu grollen und trat von einer Vorderpfote auf die andere. Die Jungen spielten währenddessen im Innern unbekümmert weiter. Kam eines dabei der Tür zu nahe, so wandte sich die Alte kurz um und fauchte, worauf es meist gleich wieder zurückfuhr; zögerte es auch nur einen Augenblick oder kam gar noch näher, erhielt es eine kräftige Ohrfeige, so dass es sich regelrecht überschlug und in den Stall zurückkugelte (vgl. Leyhausen 1982, S. 244).

Die „Belehrung“ der Jungen durch die Mutter erstreckt sich nicht nur auf die Feindmerkmale, sondern ist auch für den Beutefang von Bedeutung. Hier spielen die unterschiedlichen Locklaute der Mutter eine wesentliche Rolle, wie folgende Experimente von Leyhausen zeigen: „Wenn Katzen ihren heranwachsenden Jungen zuerst lebende Beutetiere zutragen, so stoßen sie dabei bestimmte Locklaute aus, die sich auch für menschliche Ohren qualitativ deutlich unterscheiden, je nachdem, ob es sich um ein kleines, harmloses Beutetier (Maus) oder um ein größeres und potentiell gefährliches (Ratte) handelt. Die Jungen kommen auch in einem Fall ohne Scheu heran, im anderen nur sehr zögernd und geduckt.“ Als Leyhausen von diesen beiden Lauten Tonbandaufnahmen machen wollte, entdeckte er, dass es sich nur um verschiedene Intensitätsstufen desselben Lautes handelt: „Wir lockten eine besonders gut zutragende Mutterkatze mit einer Maus in einen Nebenraum, schlossen die Tür und gaben ihr dann die Maus. Sie nahm sie auf, begann sofort ‘Maus’ zu rufen und strebte zu den Jungen. Die geschlossene Tür hielt sie auf, sie begann an dieser aufgeregt hin und her zu laufen, und dabei steigerte sich der ‘Mausruf’ in allmählichem Übergang zum ‘Rattenruf’. … Normalerweise jedoch kommt es – jedenfalls nach den bisherigen Beobachtungen – nicht vor, dass eine Katze mit einer Maus im Maul ‘Ratte’ ruft, oder umgekehrt. Doch handelt es sich zweifellos nicht etwa nur um den ‘Nachhall’ der beim Fang von Ratte bzw. Maus verschieden intensiven Erregung; denn auch, wenn die Katze zuerst selbst von einer Ratte frisst, ruft sie ‘Ratte’, wenn sie den Jungen ein übrig gebliebenes Drittel oder Viertel davon zuträgt, obwohl ein solches Rattenstück nicht größer als eine fette Maus ist und die Fangerregung sicher längst abgeklungen ist“ (Leyhausen 1982, S. 245 f.). Nach Leyhausen lässt sich dies wohl kaum anders deuten, als dass die Katze selbst bereits irgendwie qualitativ zwischen Ratte und Maus und den entsprechenden Lockrufen unterscheidet und nicht nur quantitativ. Denn auch sonst achten manche Mutterkatzen streng auf den Unterschied zwischen harmlosen und gefährlichen Beutetieren: „Sie lassen die Jungen nur Mäuse fangen und töten unbedingt selbst jede Ratte, wenn die Jungen sich dieser zu nähern versuchen“ (Leyhausen 1982, S. 246).

Die Auflösung der Familie fällt ungefähr mit dem Versiegen der Muttermilch zusammen. Die Anzahl der bei der Mutter verbliebenen Jungen ist ebenfalls von Einfluss: Bei großen Würfen von 5 bis 6 Jungen löst sich die Familie bereits nach etwa 6 Monaten auf, bei 2 bis 3 Jungen kann sie sie noch 2 Monate länger zusammenhalten. Das kommt wohl daher, dass die auch in diesem Alter noch heftig, wenn auch seltener, zum Gesäuge drängenden Jungen mit ihren scharfen Zähnen der Mutter wehtun; diese versucht daher, sich die Jungen durch Fauchen und Schläge vom Leibe zu halten, sie „schlägt die Jungen ab“. Je mehr Junge es sind, umso öfter muss sie das tun, umso reizbarer und heftiger wird sie, umso früher zerfällt die Familie. Die Saugappetenz der Jungen nimmt zwar mit zunehmendem Alter ab, erlischt jedoch ohne die mütterliche „Nachhilfe“ nicht völlig. Katzen, denen man frühzeitig alle Jungen bis auf eines fortnimmt, schlagen dieses einzige häufig nicht ab, weil es allein nicht lästig genug wird. Das Junge behält dann fast regelmäßig das Saugen bei, auch wenn die Mutter längst keine Milch mehr hat. Zuweilen versuchen die Mütter auch dann noch, solche völlig erwachsenen Jungtiere „ins Nest“ zu tragen. Das „Junge“ verhält sich dabei oft anfangs passiv, sträubt sich aber schließlich heftig, da die Mutter mit der schweren Last nicht fertig wird, die Prozedur daher zu lange dauert und wohl auch für das „Objekt“ der mütterlichen Bemühungen schmerzhaft wird (vgl. Leyhausen 1982, S. 248).

Die Beziehung zum Menschen

Durch eine Reihe von Versuchen mit Attrappen und lebenden Tieren, wie Mäusen, Ratten und Hunden, konnte Leyhausen feststellen, dass erfahrungslose Katzen ihnen fremde Wirbeltiere bei erster Begegnung als Mitkatzen behandeln. Sie tun das auch bei der Begegnung mit Menschen, solange sie keine abschreckenden Erfahrungen machen. Deshalb ist es auch möglich, Jungkatzen auf Menschen zu prägen. Vertraute Personen erkennen sie außer an Verhalten und Stimme mit Sicherheit auch am Gesicht. Die im Verkehr mit Menschen angewandten Verhaltensweisen entstammen größtenteils der Sexual- und Familiensphäre: Köpfchengeben, Flankenreiben, Belecken, Nasenkontrolle und bei weiblichen Tieren das ganze Kokettier- und Werbeverhalten, gegebenenfalls auch das gesamte Abwehrverhalten. Dennoch gilt der Mensch meist nicht einfach als Artgenosse; denn die Beziehungen zwischen Katze und Mensch werden viel enger und freundschaftlicher, als sie es zwischen zwei Katzen je werden können. So ist für die Katze die Begrüßung des vertrauten Menschen wichtiger als das Futter. Sogar dann, wenn Katzen einmal ein oder zwei Tage hungern mussten, so war doch das Erste bei der nächsten Fütterung nicht die Nahrungsaufnahme, sondern ein wahrer Begrüßungssturm mit hochgehobenem Schwanz, Köpfchengeben und intensivem Flankenreiben. Erst danach wandten sie sich dem Futter zu, nahmen oft nur hastig ein paar Bissen, um dann wieder erst einige Zärtlichkeiten auszutauschen (vgl. Leyhausen 1982, S. 207).

Woher diese Anschlussfähigkeit an den Menschen bei Tieren kommt, die im Freileben den Artgenossen außerhalb der Paarungszeit meiden oder gar bekämpfen und also scheinbar gar kein soziales Anschlussbedürfnis haben, ist auch für Leyhausen schwer zu sagen. Vermuten lässt sich jedoch nach seiner Meinung Folgendes: „Der Zusammenhalt der Geschwister und die Mutter-Kind-Bindung lockern sich in einer bestimmten Entwicklungsphase und lösen sich schließlich ganz auf. Sie können aber bei Katzen unter bestimmten Bedingungen weit über die übliche Zeit hinaus erhalten bleiben. Auch bei vielen anderen Säugern verschwinden selbst im Normalfall die kindlichen Triebhandlungen nicht ganz und können gelegentlich beim erwachsenen Tier wieder auftreten. Sie werden nur durch andere Triebhandlungen des erwachsenen Tieres, die beim jungen Tier noch nicht entwickelt sind, unterdrückt" (Leyhausen 1982, S. 208). Das ist vor allem bei erwachsenen Katzen der Fall, deren soziale Bezüge so vollständig durch Revierverteidigung, Abwehr, Rivalität und Paarung ausgefüllt sind, dass die Reste kindlicher Triebhandlungen nicht mehr auftreten können. Sie könnten aber nach Leyhausen sehr wohl die antriebsmäßige Voraussetzung sein für das, was Katzen bei bestimmten Gelegenheiten doch die Gesellschaft anderer, vor allem der Menschen, suchen lässt. Denn der Mensch ist gerade noch 'so viel Artgenosse', dass ein sozialer Bezug zu ihm möglich wird; andererseits ist er es aber 'zu wenig', um mit aller Bestimmtheit spezifische Reaktionen auszulösen. Mit einigem Geschick und mit der nötigen Einfühlung kann daher der Mensch die Stimmungsreste kindlicher Triebhandlungen, die bei den Katzen stets vorhanden sind, wieder neu beleben. Denn er löst eben nicht so bedingungslos Abwehr und/oder Angriff aus wie eine erwachsene Katze: „So ist zwischen Menschen und solitären Katzenarten eine echte und dauernde Freundschaft möglich, wie sie bei Katzen unter sich vielleicht nie vorkommt."

4. Das Tier, das aus Ägypten kam

Die meisten Zoologen der Vergangenheit wie auch der Gegenwart sind der Meinung, dass der Ursprungsort der Hauskatze im alten Ägypten lag. Auch Ägyptologen wie Heinrich Brugsch (1889) haben schon vor mehr als hundert Jahren das Vorkommen der domestizierten Katze bis in die Zeit der V. und VI. Dynastie (2454–2140 v. Chr.) zurückverfolgt. Die umfangreichste und genaueste Untersuchung über die Katze im alten Ägypten von Jaromir Malek weist jedoch darauf hin, dass die ersten uns bekannten Überreste einer Katze bereits in der prädynastischen Periode zur Zeit der Sesshaftwerdung der alten Ägypter um das Jahr 4000 v. Chr. in einem Grab in Mostagedda südlich von Asyut in Mittelägypten gefunden wurden. Es handelt sich um das Grab eines, wie man vermutet, einfachen Handwerkers, zu dessen Füßen die Knochen einer Katze lagen. Doch war es nicht möglich, bei diesen und auch noch anderen späteren Funden aus der Zeit vor 3000 v. Chr. und im alten Königreich (2647–2124 v. Chr.) festzustellen, ob es sich um wilde oder schon gezähmte Katzen handelte (vgl. Malek 2000, S. 45). Ein eindeutiger Hinweis auf die gezähmte Hauskatze findet sich erst in der 12. Dynastie des Mittleren Königreichs im Grab eines hohen Beamten, Baket III., des Verwalters des Distriktes Oryx (heute Beni Hassan). Dort sieht man unter einer Reihe von bildlichen Darstellungen vom Leben der alten Ägypter die Darstellung einer Katze, der eine Ratte gegenübersteht. Hinter der Katze steht ein Mann, der eine Stange hält, die an ein Instrument erinnert, das man häufig in den Händen von Hausdienern sehen kann, die sich um die zahmen Lieblingstiere kümmern. Es handelt sich um einen Stock, der an einem Ende wie eine menschliche Hand gestaltet ist. Es lässt sich zwar nicht feststellen, ob die Katze bereits domestiziert war oder gerade erst gezähmt worden ist, aber es besteht kein Zweifel, dass dieses Tier ein bereits akzep-

Abb. 8: Katze und Ratte aus dem Grab von Baket III. (nach Malek 2000)

tiertes Mitglied des Haushaltes ist und nicht nur ein vorübergehender Besucher (vgl. Malek 2000, S. 50).

Weitere bildliche Darstellungen und Texte aus späterer Zeit zeigen jedoch, dass die Katze nicht nur als nützliches Haustier gehalten wurde, sondern auch göttliche Verehrung genoss. Auch die antiken Schriftsteller wie Herodot (II, 137), Strabon (Lib. XVII. cap. I, 40), Diodor (I, 83) und Cicero (De natura deorum I, 29) berichten von dieser Hochschätzung der Katze durch die alten Ägypter.

Mäusefänger und Gottheit

Seit der Mensch als Ackerbauer Getreide angepflanzt hat und es von einer Ernte zur anderen speichern konnte, musste er diese seine Vorräte vor Ratten und Mäusen schützen. Dabei waren ihm von allem Anfang an natürliche Schädlingsvertilger wie Katze, Frettchen oder Wiesel und Mungo (Ichneumon) sehr nützlich. Wahrscheinlich wurde auch zunächst die Katze ebenso wenig wie die anderen Mäuse- und Rattenfänger bewusst domestiziert. Vielmehr überschnitt sich lange Zeit der Lebensraum der Katze mit dem des Menschen, der sich angesichts ihrer ausgesprochenen Nützlichkeit mehr und mehr um sie kümmerte. Eindeutige Hinweise darauf, dass die Katze für die alten Ägypter mehr war als nur ein im Haus geduldeter Mäusefänger, findet man erst im Mittleren Reich. Eine Quelle für die religiöse Verehrung der Katze und ihre Gleichsetzung mit dem Sonnengott Ra ist das 17. Kapitel des so genannten >Totenbuches<, das eine Sammlung von Texten enthält, die den Verstorbenen mit in den Sarg gelegt wurden. Dort wird vom Kampf des Sonnengottes Ra, der in Katzengestalt auftritt, mit der Schlange der Finsternis geschildert. Die Katze trägt in der Pfote ein Messer, mit dem sie der Schlange den Kopf abschlägt. Dieser Mythos schildert den täglich wiederkehrenden Kampf des aufsteigenden Lichtes gegen die nächtliche Finsternis unmittelbar vor der Morgendämmerung. Ein Wandgemälde um etwa 1300 v. Chr., das in einem Grab in Deir el-Medina gefunden wurde, liefert dazu auch eine bildliche Darstellung (vgl. Abb. 9).

Die Tochter des Sonnengottes Ra war die Mondgöttin Bastet, die auch die Göttin der Geburt und der Fruchtbarkeit war. Auch sie wurde in Katzengestalt oder mit einem Katzenkopf dargestellt (vgl. Abb. 10). In der Hand trägt die Katzengöttin ein seltsames Instrument, ein noch heute in der abessinischen Kirche gebräuchliches Klapperinstrument, das so genannte Sistrum, das nach den altägyptischen Inschriften dazu dient, mit seinem klappernden schellenartigen Getöse die dämonischen Mächte der Finsternis, vor allem

Abb. 9: Der Sonnengott Ra in Katzengestalt (Wandgemälde aus einem Grab in Deir el-Medina, um 1300 v. Chr.)

die Schlange Typhon zu vertreiben. Der griechische Schriftsteller Plutarch (50–120 n. Chr.) sah in seiner Abhandlung über >Isis und Osiris< folgenden Zusammenhang zwischen diesen religiösen Vorstellungen und dem Verhalten der Katze: „Das Sistrum ist oben kreisförmig gebogen, und diese Rundung umfasst die vier geschüttelten Stäbchen. Auch der entstehende und vergehende Teil der Welt wird von dem Mondkreise umfasst, alles in ihm wird durch die vier Elemente Feuer, Erde, Wasser und Luft bewegt und verändert. Oben auf der Rundung des Sistrum befestigen sie das Schnitzbild einer Katze mit einem Menschengesicht, unter die vier geschüttelten Stäbchen kommt auf einer Seite das Gesicht der Isis, auf der andern das der Nephthys. Durch diese Gesichter bezeichnen sie Geburt und Tod (denn dies sind die Umwandlungen und Bewegungen der Elemente), durch die Katze den Mond wegen der Veränderlichkeit und nächtlichen Regsamkeit und Fruchtbarkeit des Tieres: denn es soll zuerst ein Junges werfen, dann zwei, dann drei und vier und fünf, und so immer eines mehr bis zu sieben, so dass es im Ganzen achtundzwanzig wirft, soviel der Monat Tage hat. Dies nun ist vielleicht nur eine Sage, aber die Augensterne der Katze scheinen beim Vollmonde sich zu füllen und auszubreiten, bei abnehmendem Lichte sich zu verkleinern und zu verdunkeln. Durch das Menschengesicht der Katze wird das Geregelte und Ordnungsmäßige des Mondwechsels angezeigt“ (zit. nach Brugsch 1889).

Leben und Sterben der ägyptischen Katze

Über das Verhalten der Katzen und ihre Fortpflanzungsweise kann bereits der große griechische Geschichtsschreiber Herodot (490–425 v. Chr.) Folgendes berichten: „Ungeachtet in Ägypten ohnehin schon so viele Haustiere sind, so würde ihrer doch noch mehrere sein, wenn es mit den Katzen nicht folgendermaßen ginge. Wenn nämlich das Weibchen geworfen hat, so geht es nicht mehr zu dem Kater; allein dieser möchte sich mit derselben begatten, und kann ihrer doch nicht habhaft werden. Da gebraucht er denn diese List: Er raubt und trägt dem Weibchen die Jungen davon, bringt sie um, frisst sie aber nicht. Dieses, seiner Jungen, die es ungemein liebt, beraubt, sucht aus Verlangen nach anderen den Kater wieder auf“ (Herodot II, 66). Nach einem anderen griechischen Schriftsteller, Diodor (1. Jh. v. Chr.), werden

Abb. 10: Die Katzengöttin Bastet (aus Nork 1845)

die Katzen „in geheiligten Räumen gepflegt, erhalten warme Bäder, werden mit den ausgesuchtesten Speisen gefüttert und mit den besten Salben gesalbt“. In den Städten herrscht der Brauch, den Kindern einen Teil des Kopfes oder den ganzen Kopf zu scheren und die Haare mit Silber aufzuwägen. Dieses Silber bekommen dann die Wärter zur Pflege der Katzen. Wer eine Katze oder sonst ein heiliges Tier tötet, mit oder gegen seinen Willen, wird von der zusammenströmenden Menge oft ohne Urteilsspruch auf grausamste Weise zu Tode gebracht. „Darum bleiben die, welche ein solches totes Tier erblicken, aus Furcht weit weg von ihm und rufen laut mit Wehklagen und Beteuerungen, dass sie es tot gefunden haben.“

Von Diodor (I, 83) stammt auch der Bericht über einen Fall von Lynchjustiz an einem Römer, der zufällig und ungewollt den Tod einer Katze verursachte. Er floh sofort in sein Haus und schickte einen Boten mit der Nachricht von diesem unglücklichen Vorfall zum Pharao. Der Pharao, der mit den Römern in gutem Einvernehmen sein wollte, beorderte zwar sofort seine Soldaten dorthin, um den Römer zu beschützen. Aber das empörte Volk der Ägypter hatte bereits das Haus des Römers erstürmt und den Fremdling, der schuld am Tod der Katze war, umgebracht.

Wie sehr das Leben der Katzen den Ägyptern am Herzen lag, schildert ebenfalls Herodot: „Wenn ein Brand ausbricht, denken die Ägypter weniger daran ihn zu löschen, als dass sie versuchen, die Katzen vor dem Feuer zu bewahren. Aber obwohl sie um das Feuer herumstehen und vor allem auf die Katzen achten, schlüpfen doch die Katzen durch die Leute, oder setzen über sie weg, und springen in die Glut, welches aber die Ägypter allemal in tiefes Trauern versetzt. Verliert in einem Hause eine Katze, ohne dass man es ihr nimmt, das Leben, so scheren sich alle Bewohner bloß die Augenbrauen ab; stirbt aber ein Hund, so wird der Kopf und der ganze Leib geschoren“ (Herodot II, 66).

Die Katzennekropole Bubastis

Die toten Katzen bringt man nach Herodot „in geheiligte Wohnungen, wo sie einbalsamiert und dann zum Begräbnis nach Bubastis geschafft werden“. In dieser Stadt, die der Katzengöttin Bastet geweiht war, die von den Griechen Bubastis genannt und mit der griechischen Göttin Artemis gleichgesetzt wurde, befand sich ein besonders prächtiger Tempel, von dem Herodot folgende genaue Beschreibung liefert: „Der Platz, worauf er steht, ist bis an den Eingang eine Insel; denn aus dem Nil sind zwei Kanäle hingeleitet, von welchen aber keiner in den anderen fällt, sondern sie gehen bis an den Eingang des Tempels nebeneinander hin, so dass der eine an dieser, der andere an jener Seite des Tempels hinfließt. Jeder ist mit Bäumen beschattet und hundert Schuh breit. Die Portale sind zehn Klaftern hoch, mit prächtigen sechs Ellen hohen Statuen geschmückt. Da der Tempel in der Mitte der Stadt liegt, so kann man ihn von allen Seiten sehen, wo man herkommt, und weil er bei der Erhöhung der Stadt unverändert stehen blieb, so fällt er deswegen in dic Augen. Er ist mit einer Steinmauer umgeben, auf welche Reliefs gearbeitet sind. Innerhalb dieser, um das große Tempelgebäude her, worin das Bildnis der Göttin steht, ist von sehr großen Bäumen ein Hain gepflanzt. Des Tempels Länge und Breite ist auf jeder Seite ein Stadium. Bis zu seinem Eingange führt ein gedämmter bei drei Stadien langer und vierhundert Schuh breiter Weg; er geht über den Markt gegen Morgen hin, bis an den Tempel des Hermes und ist auf beiden Seiten mit wolkenhohen Bäumen besetzt" (Herodot II, 138).

Die Ägypter halten nicht nur ein Mal im Jahr, sondern öfters heilige Versammlungen ab. Das beliebteste Fest aber ist das in der Stadt Bubastis. Die Fahrt nach dieser Stadt gestaltet sich als ein wahres Volksfest, an dem nach den Angaben Herodots nicht weniger als 700000 Menschen teilnehmen: „Männer und Weiber segeln in Gesellschaft und auf jedem Fahrzeuge befindet sich eine große Menge von Personen beiderlei Geschlechts. Einige von den Weibern machen einen Lärm mit Klappern, einige von den Männern aber blasen während der ganzen Fahrt auf Pfeifen, die übrigen Frauen und Männer singen und klatschen in die Hände. Kommen sie unterwegs in eine andere Stadt, so fahren sie an das Ufer hin. Ein Teil des Frauenvolks macht es so, wie ich vorher gesagt habe, andere schreien und schimpfen auf die Frauen in der Stadt, andere tanzen, andere heben die Röcke auf. Dies tun sie bei jeder Stadt, die am Nil liegt. Kommen sie aber nach Bubastis, so beginnen sie das Fest mit großen Opfern, an welchem mehr Wein als sonst das ganze Jahr hindurch aufgeht" (Herodot II, 60). Bei jedem dieser Feste, die von wilden, orgiastischen Zeremonien und rituellen Ekstasen begleitet waren, wurden hunderttausend mumifizierte Katzen zu Ehren der jungfräulichen Katzengöttin bestattet. Der Katzenkult war so beliebt, dass er sich fast zweitausend Jahre lang behauptete. Offiziell wurde er erst im Jahre 390 n. Chr. verboten, aber zu dieser Zeit befand er sich bereits in totalem Zerfall. Zu seiner Blütezeit jedoch zeigte er, welch unermesslicher Wertschätzung sich die Katze in jener antiken Hochkultur erfreute. Die vielen Bronzestatuetten von Katzen, die die Jahrtausende überdauert haben, legen Zeugnis ab von der Begeisterung der Ägypter für die anmutige Schönheit dieser Tiere.

Katzenmumien als Dünger

Einen traurigen Gegensatz zu der alten Verehrung der Katze bildet die Zerstörung der Katzenfriedhöfe, die bereits zur Zeit Napoleons begann. So zündete die französische Militärverwaltung einen solchen Katzenfriedhof an, der mehr als eine Woche brannte. Als die Engländer die Herrschaft in Ägypten übernahmen, ging dieses barbarische Zerstörungswerk weiter. Nachdem die Museen und Sammler einige Spezialstücke erworben hatten, waren sie an den Riesenmengen von mumifizierten Katzen, die noch vorhanden waren, wenig interessiert. Örtliche Unternehmer verarbeiteten die Knochen als Zahnpulver, die Mumientücher kamen in die Lumpenpresse. Der Höhepunkt der Vernichtungswelle alten Kulturgutes wurde aber erreicht, als im Jahre 1889 auf dem Dampfschiff „Pharos and Thebes" eine Fracht von dreihunderttausend ausgegrabenen Katzenmumien nach Liverpool geschafft wurde, wo sie zu je vier Pfund die Tonne versteigert wurden und anschließend, zu Dünger verarbeitet, auf den Feldern der umliegenden Bauernhöfe landeten. Ein einziger Katzenschädel ist von dieser Ladung übrig geblieben und befindet sich jetzt im Britischen Museum.

Aber auch die Einwohner Ägyptens selbst beteiligten sich an dieser Zerstörung der Katzenfriedhöfe. So berichtet der Archäologe William Martin Conway, der gegen Ende des 19. Jahrhunderts eine solche Grabstätte besuchte, von den Plünderungen durch die Bewohner der umliegenden Dörfer: „Die Ausplünderung dieses Friedhofs war sehenswert, man musste sich aber immer vom Wind abgewandt aufstellen. Tagtäglich kamen die Dorfkinder, versorgten sich selbst mit den attraktivsten Mumien, die sie finden konnten. Sie trugen sie dann zum Flussufer hinunter, um sie für wenig Geld an vorüberkommende Reisende zu verkaufen. Der Weg war übersät von Mumientüchern und Resten von Katzenschädeln, von Knochen und Fell in erschreckender Zahl – und der Wind trieb die Fragmente umher, verteilte den Gestank" (Conway 1891).

Über Tausende von Jahren war die Ruhe der Katzenmumien ungestört geblieben. Ihre frühzeitige Entdeckung und die daran anschließende gedankenlose Vernichtung stellen nicht nur für die Archäologie, sondern auch für die Haustierforschung einen nicht wieder gutzumachenden Schaden dar. Heute könnte eine sorgfältige Auswertung dieser für immer vernichteten Mumien sehr viel über die Frühgeschichte unserer Hauskatze enthüllen. Denn gerade in den Friedhöfen des Kultzentrums der Katzen Bubastis hätte man die Überreste aus der Frühzeit der Katzendomestikation erwarten können.

Von den wenigen Schädeln, die man im letzten Jahrhundert vermessen hat, wurde abgeleitet, dass es sich bei nach der Domestikation mumifizierten Katzen sowohl um Dschungelkatzen wie auch Afrikanische Wildkatzen handelte. Die Mehrheit dieser Schädel stammt jedoch von einer anderen Katze, die in der Größe zwischen diesen beiden liegt. Man nannte sie *Felis lybica bubastis*. Ob es sich aber bei dieser Katze um den Vorläufer der heutigen kleineren Hauskatze handelt, lässt sich nicht mit Sicherheit sagen. Das Grundproblem besteht eben nach Meinung der heutigen Katzenforscher eben darin, „dass wir nicht mehr über genügend Mumien von bekannten Fundstellen verfügen, um wirklich über den Ursprung der Hauskatze sinnvolle Schlussfolgerungen zu ziehen" (Tabor 1996, S. 28).

Daher haben auch heute noch die Worte des vielseitigen Mediziners Virchow ihre Gültigkeit, der am Schluss seines im selben Jahr des unglücklichen Katzenmumientransportes nach Liverpool veröffentlichten Vortrages über >Herkunft und Geschichte der Hauskatze< (Zeitschrift für Ethnologie, Bd. 21, 1889) über das Katzenheiligtum von Bubastis sagt: „Aber der Tempel und alle Herrlichkeit mit ihm zerfielen im Laufe der Zeit, und nichts war von ihm übrig geblieben als der aufgeschüttete Erdwall mit massenhaften Trümmerhaufen und die schwache Erinnerung des Volkes, welches den aus der Deltaebene hervorragenden Schutthügel noch immer Tell Basta nannte."

5. Der Einzug der Katze in Europa

Wilde Katzen waren in den Wäldern von ganz Europa verbreitet. Bereits aus der Eiszeit gibt es Katzenfunde aus einer Reihe von Orten in Deutschland, Österreich, Frankreich, England und in der Schweiz. Alle diese fossilen Funde gehören ausnahmslos der Wildform der Katze *(Felis silvestris)* an. Das gilt auch für die später datierten Funde aus der Steinzeit und Bronzezeit. Obwohl sie in der Mehrzahl in der Nähe von Siedlungen oder zusammen mit Spuren des vorgeschichtlichen Menschen gefunden worden sind, liegt kein Grund für die Annahme vor, dass es sich dabei schon um domestizierte Katzen gehandelt haben könne. Obwohl es schwierig ist, am Skelett Merkmale der Domestikation zu erkennen, ist es aber doch in manchen Fällen möglich, ziemlich sicher festzustellen, ob es sich um eine wilde oder um eine domestizierte Katze gehandelt hat. Es kommen zwar bei allen Merkmalen große Überschneidungen vor, es gibt aber doch bestimmte Extreme, die entweder den Waldkatzen oder den Hauskatzen eigen sind. Rein äußerlich lassen sich Hauskatzen mit Farbe und Zeichnung der Waldkatze durch das kürzere Fell und die etwas geringere Größe von dieser unterscheiden. Entsprechende Unterschiede im Skelett beider Formen bestehen aber nicht, die Wildkatze wirkt nur durch das dichtere Fell und den buschigen Schwanz stämmiger. Die meisten Unterschiede des Skeletts, die als charakteristisch für eine der beiden Formen bezeichnet worden sind, gehen nur auf bestimmte Größenunterschiede zurück. Ein Katzenschädel, der von den Schneidezähnen bis zum Gelenkhöcker des Hinterhauptbeines weniger als 90 mm misst, stammt aller Wahrscheinlichkeit nach von einer Hauskatze, während ein entsprechendes Maß von über 105 mm für eine Waldkatze spricht. Entsprechende Unterschiede wurden am Unterkiefer beobachtet (vgl. Zeuner 1967, S. 327).

Gewisse Merkmale in den Proportionen einiger Schädelteile zum Unterkiefer sind hauptsächlich eine Folge der Domestikation. Manche Katzenrassen haben einen verkürzten Gesichtsteil, daher sind ihre Schädel über dem Jochbogen sehr breit, und Oberkiefer und Stirnbein bilden beim Zusammenschluss einen größeren Winkel als bei den Wildformen. Auch ist als Folge der im Ganzen kleineren Zähne bei der Hauskatze am Unterkiefer die Lücke zwischen dem Eckzahn und dem ersten Prämolar größer als bei der Wildkatze. Diese Verkleinerung zeigt sich am deutlichsten am letzten Backenzahn des Unterkiefers, dem ersten Molar, dessen Vorder- und Hinterrand bei der Europäischen Wildkatze meist steiler stehen als bei den Hauskatzen und der Falbkatze. Dieses Merkmal ist allerdings nicht durchgehend vorhanden, vielleicht wegen der zahlreichen Kreuzungen zwischen der Europäischen Wildkatze und der Hauskatze.

Die mutmaßliche Domestikation ergibt sich daher eher aus den archäologischen Umständen eines Fundes als aus Untersuchungen an fossilen Knochen. In der römischen Stadt Calleva, heute Silchester in England, fanden sich die Reste verschiedener Katzen. H. Jones (1906) stellte zwar an ihren Knochen keine Merkmale der Wildkatze fest, hielt die Funde aber nicht deswegen für Hauskatzen, sondern weil er in Silchester Trittspuren von Katzen auf keramischen Bodenplatten gefunden hatte. „Es ist sicher wahrscheinlicher", meint er dazu, „dass es Hauskatzen und keine Wildkatzen waren, die über die zum Trocknen ausgelegten Kacheln gelaufen sind" (zit. nach Zeuner 1967, S. 327). Dass die Spuren domestizierter Katzen in Europa erst in den Siedlungen und Kolonien der Römer aufgefunden wurden, weist auf den Weg hin, den die Hauskatze von Ägypten über Griechenland und Rom nach dem mittleren und nördlichen Europa genommen hat. Denn es waren ohne Zweifel die römischen Legionäre, die für ihre Verbreitung gesorgt hatten.

Von Ägypten nach Griechenland und Rom

Obwohl die alten Ägypter die Ausfuhr ihrer Katzen verboten und nach den Angaben von Diodor eine Art von Schutzprogramm entwickelten, indem sie auf ihren Auslandsreisen Lösegeld für dort angetroffene Katzen bezahlten, um sie wieder heimholen zu können, fand die ägyptische Katze doch sehr frühzeitig ihren Weg nach Europa. Dass die Griechen die ägyptische Katze bereits im 5. Jahrhundert v. Chr. kannten, ist durch die bereits zitierten Berichte von Herodot belegt. Sieht man von dem bereits erwähnten ältesten Fund eines Katzenskeletts in Zypern (vgl. oben Kap. 1) ab, so stammt der früheste sichere Hinweis, dass ägyptische Katzen nach Europa gelangt sind, aus Kreta, wo ein Katzenkopf aus Terrakotta gefunden wurde, dessen Entstehung im 11. Jahrhundert v. Chr. vermutet wird (vgl. Zeuner 1967, S. 331). Noch weiter, bis ins 17. Jahrhundert v. Chr., reichen die Katzendarstellungen aus dem Palast von Knossos zurück. Eine Bronzekatze aus der Mitte des 7. Jahrhunderts v. Chr., die man auf der Insel Samos entdeckt hat, lässt darauf schließen, dass Katzen schon sehr früh nach Griechenland eingeführt wurden. Auf dem griechischen Festland wurden schon in der archaischen Zeit Katzen gehalten. Allerdings wird es sich dabei wohl mehr

Abb. 11: Griechisches Marmorrelief mit Hund und Katze
(Archäologisches Museum Athen, aus Zeuner 1967)

um seltene Liebhaberexemplare als um Nutztiere gehandelt haben. Im Museum von Athen ist auf einer der vier Seiten eines Marmorblocks aus dem 5. Jahrhundert v. Chr. ein Relief zu sehen, das die Anwesenheit der Hauskatze im damaligen Griechenland verbürgt: Zwei sitzende Männer halten jeweils ein Tier an der Leine, während zwei weitere Männer dahinter stehen und gespannt zusehen, wie die Tiere sich beschnüffeln. Das Tier zur Linken ist zweifellos ein Hund, das rechte Tier mit dem runden Kopf, hohen Rücken und langem Schwanz kann eigentlich nur eine Katze sein. Die Spannung in der Haltung der Zuschauer bezieht sich vermutlich auf die Frage, wie die Begegnung von Hund und Katze wohl ausgehen wird (Abb. 11).

Neben diesen bildlichen Darstellungen gibt es aber auch schriftliche Zeugnisse über die Existenz der Katze im klassischen Griechenland. So hat schon Aristoteles (384–322 v. Chr.) eine eingehende Beschreibung des Sexualverhaltens der Katze geliefert: „Die Katzen begatten sich nicht von hinten, sondern der Kater richtet sich auf, die Katze duckt sich unter ihn. Ihrer Natur nach sind die Katzen hecklustiger und verführen die Männchen zur Paarung; und während der Begattung kreischen sie“ (Tierkunde 540a, 10ff.). Und er weiß auch, dass Katzen gerne Vögel fressen. Doch er erwähnt sie nicht, wenn er über die damals in Griechenland verbreitete Mäuseplage berichtet, sondern glaubt eher daran, dass die Mäuse durch den Regen vernichtet werden: „Bei den Mäusen ist Zahl und Schnelligkeit der Vermehrung, gemessen an den übrigen Tieren, ganz erstaunlich. Es wurde nämlich schon einmal eine trächtige Maus in einen Behälter mit Hirse gesperrt, und als dieser wenig später geöffnet wurde, waren es bereits hundertundzwanzig! Man streitet sich auch noch über das Auftreten und Verschwinden der Mäuse an der Erdoberfläche auf den Feldern. An vielen Stellen pflegt eine unzählbare Menge von Feldmäusen aufzutreten, so dass fast das ganze Getreide ausfällt. Die Vernichtung geht so schnell vor sich, dass schon Bauern auf kleinen Gütern, die am Vortage ihr Feld besehen und es zur Ernte reif befunden hatten, wenn sie am nächsten Morgen mit ihren Schnittern kamen, alles aufgefressen fanden. Auch ihr Verschwinden ist nicht zu begreifen: In wenigen Tagen ist keine mehr zu sehen, obwohl vorher die Menschen ihrer nicht Herr werden konnten – trotz Ausräucherns, Ausgrabens und Jagens und obwohl man Schweine gegen sie ansetzte; diese wühlen nämlich die Mauselöcher auf. Auch Füchse machen Jagd auf sie, und die wilden Wiesel vertilgen sie ganz besonders, können aber gegen die Zahl und Schnelligkeit ihrer Vermehrung nicht ankommen, auch sonst nichts, nur der Regen, wenn dieser sie überrascht, dann sind sie alsbald verschwunden" (Tierkunde 580b, 10ff.).

Auch bei den Römern war die aus Ägypten eingeführte Hauskatze zunächst nur ein seltenes Luxustier ohne wirtschaftliche Bedeutung. Der Philologe Victor Hehn wollte sogar sowohl an den antiken Texten wie auch Abbildungen nachweisen, dass die Römer noch keine domestizierten Katzen kannten. Der lateinische Name Felis bezeichnet nach seiner Meinung „nirgends die zahme Katze, sondern Iltis und Marder, oder die Wildkatze" (Hehn 1911, S. 467). Auch die Abbildungen zeigen nur katzenartige Tiere, aber nie eine Hauskatze. So zeigt die Katze auf dem bekannten Mosaik aus dem Archäologischen Museum in Neapel, die einen Vogel fängt, die charakteristische Zeichnung der Wildkatze (Abb. 12).

Bei den Ausgrabungen in Pompeji haben sich nirgends die Reste einer Katze gezeigt, während die Reste von Pferden, Hunden, Ziegen und anderen Haustieren wieder aufgefunden worden sind. Auch die Beschreibung des Verhaltens der Katze von Plinius dem Älteren, der beim Untergang Pompejis im Jahre 79 n. Chr. den Tod fand, könnte sich ebenso gut auf die Wildkatze und nicht auf die Hauskatze beziehen: „Die Katzen schleichen ganz leise und still, wenn sie einen Vogel fangen wollen; den Mäusen lauern sie heimlich auf und springen plötzlich auf sie los. Ihren Kot bedecken

Abb. 12: Katze mit Vogel (Archäologisches Museum Neapel, 1. Jh. n. Chr.)

sie mit zusammengescharrter Erde, damit sie ihre Anwesenheit den Mäusen nicht verraten“ (Plinius X, 94). Plinius gibt auch an, dass die Augen der Katzen im Finstern leuchten und strahlen (Plinius XI, 55). Auch Seneca, der berühmte stoische Philosoph, Lehrer von Kaiser Nero, der ihn im Jahre 65 n. Chr. zum Selbstmord zwang, kannte die Katzen, und er riet den Bauern, die Hühner vor ihnen zu schützen. „Ist es Zufall, dass sich die Hühner vor der Katze und nicht vor dem Hund fürchten?“, fragte er (vgl. Damjan u. Schilling 1969, S. 38). Überhaupt scheint die Katze damals immer noch mehr den Ruf eines Räubers als den eines Mäusejägers gehabt zu haben. Wiesel und Schlangen waren zumindest ebenso wie die Katzen an der Jagd auf Mäuse beteiligt.

Erst bei Palladius im 4. Jahrhundert n. Chr., als die Tage des Weströmischen Reiches bereits gezählt waren, lässt sich die Katze als Haustier mit Sicherheit nachweisen. In seiner Schrift über den Ackerbau empfiehlt er die Verwendung von Katzen, um die Artischockenbeete vor der Zerstörung durch Maulwürfe zu schützen, und verwendet zum ersten Mal den Namen Catus, der seitdem von Italien aus, wie das ägyptische Tier selbst, zu allen Völkern gewandert ist (Hehn 1911, S. 468). Über den besonderen Anlass, das ägyptische Tier, an das die Griechen und Römer bisher nicht gedacht hatten, in ihre Häuser aufzunehmen, stellt Hehn folgende Vermutung auf: „Zur Zeit der Völkerwanderung überzog von Asien her ein bis dahin unbekanntes gefräßiges Nagetier, die Ratte, Mus rattus, die Keller, Speicher und Wohnungen der europäischen Welt. Der Zeitpunkt ihres Erscheinens und die Richtung ihres Weges ist nicht überliefert, aber der Name Ratte findet sich schon in frühen althochdeutschen sowie angelsächsischen Glossaren“ (Hehn 1911, S. 470).

Die Kritik der Römer am ägyptischen Katzenkult

Die klassischen Autoren der römischen Antike hatten noch immer eine Verbindung zwischen Katze und ägyptischer Kultur hergestellt. Aber die Verehrung der Katze und ihre Anbetung ist für sie bereits eine unverständliche Angelegenheit. Besonders radikal ist Cicero in der Geringschätzung solcher Sitten: „Wer kennt nicht den Brauch der Ägypter? Diese Leute, deren Geist von bizarrem Aberglauben durchdrungen ist, würden lieber den schlimmsten Qualen trotzen, als dass sie eine frevelhafte Hand gegen einen Ibis, eine Viper, eine Katze, einen Hund oder ein Krokodil erhöben, und selbst wenn ihnen aus bloßer Unachtsamkeit etwas in der Art passiert, gibt es keine Strafe, die ihnen ungerechtfertigt schiene“ (Tusc. quaestionum lib.

V; Cicero 1588, tom. 4, p. 262 E). Ebenso entrüstet sich Juvenal (erste Hälfte des 2. Jh.s) in seinen Satiren: „Wer weiß nicht, welche Ungeheuer Ägypten in seinem Wahn verehrt? Dort verehren ganze Städte die Katzen, hier einen Flussfisch, dort den Hund." Athenäus, ein in Unterägypten geborener Grieche, der in Rom lehrte, spricht im folgenden Jahrhundert davon, welches Vergnügen Anaxandrides beim Töten und Abhäuten einer Katze hatte. So habe er sich von den Ägyptern abheben wollen, die bekanntlich geweint hätten, wenn sie eines dieser Tiere in Schwierigkeiten sahen. Während bei den Ägyptern die Katze noch lange Zeit göttliche Verehrung genoss, wurde sie bei den Griechen und Römern schon sehr früh zum Fabeltier, mit dem man menschliche, vor allem weibliche Unarten geißelte.

Die Katze als Fabeltier

Nach den Angaben von Herodot und Plutarch lebte im 6. Jahrhundert ein Dichter namens Äsop, der als der Erfinder der Tierfabel gilt (Herodot, Geschichte I. 2, c. 134; Plutarch, De audiendis poetis). Auch Platon in seinem Dialog >Phaidon< und Aristoteles in seiner >Rhetorik< erwähnen ihn. Äsop (Aisopos) soll ein buckliger Krüppel aus Phrygien gewesen sein, der in Samos Sklave war, aber dann freigelassen wurde. Er soll das Vertrauen des Königs Krösus von Lydien gewonnen haben, der ihn als Gesandten nach Griechenland geschickt haben soll, wo er jedoch von den Einwohnern von Delphi, die er beleidigt hatte, von einem Felsen herabgestürzt worden sei. Seine mit Recht berühmten Fabeln wurden zunächst nur mündlich überliefert und erst später schriftlich aufgezeichnet.

In diesen Fabeln spielt die Katze (lat. felis, griech. ailouros) die Rolle einer listigen, aber manchmal auch selbst überlisteten Vogelmörderin und Mäusevertilgerin. Auch die Haustiere waren nicht vor ihr sicher, wie die Geschichte vom Hahn und der Katze zeigt: Eine Katze begegnete einem Hahn, den sie gerne töten wollte. Deswegen klagte sie ihn an, die Menschen nicht in Ruhe zu lassen. Denn er wecke sie jeden Morgen in der Frühe, fast noch mitten in der Nacht, und reiße sie mit seinem Geschrei aus dem Schlaf. Der Hahn verteidigte sich damit, dass die Menschen ihn eigens dazu bestellt haben, dass er sie am Morgen beizeiten zu den notwendigen Geschäften rufe. Die Katze meinte darauf, dass es noch einen anderen Grund gebe, weshalb er sterben müsse. Es gebe kein anderes Tier, das sich so schamlos gegen die Gesetze der Natur verhalte und sich mit seiner Mutter und seinen Schwestern vermische. Der Hahn aber sagte: „Das ist kein Grund, mich zu beschimpfen. Die Natur hat es so gewollt, und die Menschen wollen es auch so. Dank meinem Wirken bekommen sie viele Eier." Darauf erwiderte die Katze: „Entschuldige dich, so viel du willst. Ich habe Hunger!" Und verzehrte den Hahn (Äsop 1741, S. 7).

Mehr Glück hatte jedoch eine Fledermaus, die in ihrem Status als fliegende Maus die Katzen so verwirrte, dass sie entkommen konnte: Eine Fledermaus fiel zur Erde, unglücklicherweise gerade vor eine Katze. Die Katze packte sie und wollte sie verspeisen. „Schone mich!", schrie aber die Fledermaus. „Was fällt dir ein?", entgegnete die Katze, „ich führe Krieg gegen die Vögel, das haben die Götter so bestimmt!" – „Aber ich bin ja gar kein Vogel!", rief nun die Fledermaus, „ich bin eine Maus!" Da ließ die Katze die Fledermaus los und schenkte ihr das Leben. Wenig später fiel die Fledermaus aber wieder zur Erde, und wiederum war unverhofft eine Katze da, die sie verspeisen wollte. „Schone mich!", schrie die Fledermaus. „Niemals!", antwortete diese zweite Katze, „ich führe Krieg gegen alle Mäuse, das haben die Götter so bestimmt!" – „Aber ich bin doch gar keine Maus!", rief die Fledermaus diesmal. „Ich bin ein Vogel!" – Und abermals wurde sie frei.

Mit einer anderen Geschichte über den aussichtslosen Kampf der Mäuse gegen die Katzen prangert Äsop die dumme Eitelkeit der Führerpersönlichkeiten von Staat und Armee an: Zwischen Katzen und Mäusen herrschte Kriegszustand, und da die Mäuse eine Schlacht nach der andern verloren, beriefen sie eine Versammlung ein, auf der sie die fehlende Führung als Grund ihrer Niederlagen feststellten. Sie wählten daher ihre Führer, die sich große Hörner aufsetzten, um sich dadurch zu kennzeichnen. Die nächste Schlacht wurde geschlagen. Wiederum gewannen die Katzen, und die Mäuse mussten den Rückzug antreten. Die meisten von ihnen konnten sich noch leicht in ihre Behausungen retten. Nur ihre Anführer, die den anderen Mäusen folgen wollten, konnten wegen der Größe ihrer Hörner die engen Mauselöcher nicht passieren und wurden alle von den Katzen gefangen und gefressen (Äsop 1741, S. 190).

Die Verwandlung der Katze in ein hübsches Mädchen, die aber „das Mausen nicht lässt", weist auf eine in der Antike immer wieder angesprochene Identifikation der Katze mit den bösartigen und verwerflichen Charakterzügen der Frau hin, die sich später im Mittelalter und in der beginnenden Neuzeit zur Verteufelung der Katze als ständige Begleiterin von Hexen steigert: „Eine Katze, der es ein hübscher junger Mann angetan hatte, bat Venus, sie in eine Frau zu verwandeln. Die Göttin hatte mit ihrer tollen Liebe Mitleid und machte sie zu einem reizenden jungen Mädchen. So hatte der junge Mann Gelegenheit, sie kennen zu lernen; er fing Feuer und führte sie als Gattin in sein Heim. Als sie eines Tages im ehelichen Gemach zu Bette lagen, wollte Venus sich vergewissern, ob die Katze wie im Körper, so auch im Wesen gewandelt sei, und setzte eine Maus mitten ins Zimmer. Alles um sich vergessend sprang die Katze sofort wild aus dem Bett und fuhr auf die Maus los, um sie totzubeißen. Da ergrimmte die Göttin über sie und ließ sie ihre ursprüngliche Gestalt wieder annehmen“ (Äsop 1741, S. 128). Und Äsop fügt hinzu: „So bleiben von Grund aus verdorbene Menschen, selbst wenn sie andere Haltung annähmen, doch stets das, wozu die Natur sie schuf.“

Die Katze bei den Germanen und im frühen Christentum

Bei den Germanen war die Katze von allem Anfang an ein bevorzugtes Tier. Wie man in Grimms >Deutscher Mythologie< nachlesen kann, war der Wolf Wodans heiliges Tier. Das Tier der Göttin Freya war die Katze: „Auf einem mit zwei Katzen bespannten Wagen zieht sie zur Kampfstätte und teilt sich mit Odin die Erschlagenen als Oberhaupt der Walküren“ (Grimm 1943, S. 189). Auch als Göttin der Fruchtbarkeit gilt Freya und dementsprechend ist auch die Katze dafür ein Symbol. Geht eine Braut bei gutem Wetter zur Trauung, so heißt es: „Die hat die Katze gut gefüttert“, d.h. das Tier der Liebesgöttin nicht beleidigt. „Dass Freya die Katze heilig war, erklärt uns vielleicht“, führt Grimm weiter aus, „warum diese für das Tier der Nachtfrauen und Hexen gilt und Donneraas, Wetteraas genannt wird.“ Denn mit der Christianisierung der Germanen ab dem 4. Jahrhundert kehrt sich die Verehrung der germanischen Götterwelt ins Gegenteil um. Aus Göttern werden Teufel und aus Göttinnen Hexen. Mit Freya wurden auch die Katzen in die Verbannung geschickt. Weil die Katzen sich aber nicht so einfach aus der Welt schaffen ließen, wie eine Göttin, sondern sich immer wieder von neuem vermehrten, meinten die Christen, in den Katzen erhebe das Heidentum das Haupt gegen die neue Religion. Sie betrachteten die Katzen als Vorboten alles Unchristlichen, des Satanischen, des Bösen schlechthin. So predigte noch der Mönch Berthold von Regensburg, um 1210 geboren, gestorben 1272, von der Katze: „Der Atem, der aus ihrem Halse geht, ist Pest; und wenn sie Wasser trinkt und es fällt eine Träne aus ihren Augen, so ist die Quelle verdorben: Jeder, der fortan aus ihr trinkt, erfährt den gewissen Tod“ (zit. nach Damjan und Schilling 1969, S. 117).

6. Die Katze im Nahen und Fernen Osten

Die Katze in der islamischen Welt

Ursprünglich hatten die Araber als wanderndes Nomadenvolk keine oder nur sehr schlechte Beziehungen zu Katzen. Sie liebten vor allem ihre Windhunde, mit denen sie auf die Jagd gingen (vgl. Oeser 2004, S. 82 f.). Für die Katzen hatten sie jedoch keine Verwendung. Sie waren ihnen eher nur lästig. Eines der ältesten arabischen Literaturdenkmäler – es stammt aus dem fünften Jahrhundert – berichtet von einer Katze, die auf einem Kamel hockt: „Erst schritt das Kamel gemächlich – wie immer. Da sprang eine Katze ihm auf den Rücken, krallte am Hals des Kamels sich fest. Sie kratzte das Kamel, riss es aus seiner Ruh und Genügsamkeit, störte seine Seele. Da begann das Kamel um sich zu schlagen, zu scheuen, so dass kein Mensch sich ihm zu nähern wagte“ (zit. nach Damjan u. Schilling 1969, S. 98). Erst als die Araber sesshaft wurden und unter den Einfluss des Islam kamen, wurde die Katze höher eingeschätzt als der Hund.

Ein europäischer Reisender, offensichtlich ein großer Hundeliebhaber, der Flame Cornelis de Bruin, wundert sich darüber, dass die Türken die Katzen den Hunden vorziehen: „Die Katze, deren gute Seiten, so sie welche hat, nicht mit denen des Hundes zu vergleichen sind, der das treueste aller Tiere ist, gilt bei den Türken als reines Tier. Diese Tiere genießen gute Pflege und werden im Haus gehalten, während die armen Hunde genötigt sind, auf der Straße zu leben. Sie tätscheln und liebkosen Katzen, sie stellen sie in ihren Läden zur Schau, besonders wenn sie schön sind, so wie es in Venedig und einigen anderen Orten Brauch ist“ (zit. nach Bobis 2001, S. 249).

Es gibt aber auch authentische Quellen aus der islamischen Tradition, welche die Vorrangstellung der Katzen im Orient dokumentieren. So verteidigt Amr ibn Bahr al-Kinani oder Jähiz (776–868) in seinem >Buch der Tiere< die Katzen gegen die Anhänger der Lehre Zarathustras und gegen die Manichäer, die in ihr ein teuflisches Wesen sahen, und prangerte jene Menschen an, die Katzenfleisch essen. Nach seiner Kenntnis würden verschiedene Gruppen von Menschen Katzen verspeisen: so die Besitzer von Taubenschlägen, die auf diese Weise die räuberischen Katzen beseitigen wollen, aber auch lasterhafte Menschen, die dem dunklen Fleisch schwarzer Katzen die Eigenschaft zuweisen, gegen böses Geschick und Verzauberungen zu schützen. Er tadelte auch Händler, die herumstreunende Katzen betäubten, sie in große Krüge steckten und auf dem Markt als die besten Gefährten anpreisen. Er selbst rühmte Sauberkeit, Behändigkeit, Wachsamkeit und Nützlichkeit der Katze und beschreibt die sorgfältig Pflege, welche die Haremsdamen ihren Lieblingen angedeihen lassen: Sie schmücken die Tiere mit Halsbändern und Ohrringen, färben sie mit Henna, küssen sie aufs Mäulchen und lassen sie in ihrem Bett schlafen (vgl. Bobis 2001, S. 248). Die besondere Gunst, deren sich die Katze bis heute in der islamischen Welt erfreut, rührt aber daher, dass ihr sogar der Prophet Mohammed selbst seine liebevolle Beachtung schenkte.

Die Katze Mohammeds

Man kennt die Anzahl und die Namen der Objekte, die sich im Besitz Mohammeds befanden: neun Schwerter, drei Lanzen, drei Bögen, sieben Rüstungen, drei Schilde, zwölf Frauen, ein weißer Hahn, sieben Pferde, zwei Maultiere, vier Kamele – ohne die Stute Borac zu rechnen, auf der der Prophet in den Himmel aufstieg – und die Katze Muezza, der er in ganz besonderer Weise zugetan war. Der Erste, der darüber in Europa berichtete, war der französische Botaniker Joseph Pitton de Tournefort, der große Vorläufer Linnés (vgl. Oeser 1996, S. 21), der in den Jahren 1700–1702 im Auftrag Ludwigs XIV. nach Kleinasien geschickt worden war. In seinem Reisebericht aus dem Jahre 1718 >Relation d'un voyage du Levant, fait par ordre du Roy< schreibt er: „Die Mildtätigkeit der Mohammedaner erstreckt sich auch auf Tiere. Damit meinen sie, Gott wohlgefällig zu sein. Man wird mir vielleicht kaum glauben, dass es rechtmäßig aufgesetzte testamentarische Stiftungen gibt, die verfügen, dass eine festgelegte Zahl von Hunden und Katzen an bestimmten Tagen der Woche gefüttert werden soll. Bei all ihrer Mildtätigkeit hassen die Türken die armen Hunde und dulden sie nicht in ihren Häusern. Dagegen lieben sie Katzen sowohl aufgrund von deren natürlicher Reinlichkeit als auch, weil Katzen ihnen durch ihr würdevolles Wesen mehr entgegenkommen als Hunde, die wild herumspringen, unbesonnen und unruhig sind. Übrigens glauben die Türken – ich weiß nicht, aufgrund welcher Überlieferung –, dass Mohammed seine Katze so sehr liebte, dass er, als er einmal zu einem Punkt der Religion befragt wurde, lieber den Aufschlag seines Ärmels abschnitt, als das Tier beim Aufstehen zu wecken (s. u.). Allerdings sind die Katzen der Levante nicht schöner als unsere. Die schönen schiefergrauen Katzen sind dort sehr selten; man holt sie von der Insel Malta, wo die Art verbreitet ist" (Tournefort 1718).

Ergänzt und weiterentwickelt wurde diese Geschichte von Champfleury, einem der größten Katzenliebhaber im Frankreich des 19. Jahrhunderts, der auch ein Buch über Katzen geschrieben hat. Champfleury kennt nicht nur den Namen der Katze Mohammeds, sondern macht sich auch Gedanken darüber, warum gerade Katzen von jenen geschätzt werden, die das Schicksal der Menschen zu bestimmen haben: „Man erklärt häufig die große Zuneigung, welche manche Persönlichkeiten der Politik für die Katzen haben, durch die Verachtung, die sie den Menschen gegenüber empfinden, welche sie, von wenigen Ausnahmen abgesehen, für kriecherische Wesen halten. Sie wissen nur zu gut, was man von den ehrsamsten Leuten erhalten kann, wenn man ihnen Geld, Ämter, Würden und Ehren bietet. Was das anbelangt, machen sich die Politiker keine Illusionen; würden sie sich welche machen, wären sie keine guten Politiker. Deshalb haben sie das unabhängige Tier ins Herz geschlossen, vor allem die Katze, das Paradebeispiel von Unabhängigkeit."

Als Beweis führt Champfleury eben diese Legende von Mohammed und seiner Katze Muezza an, die damals in Kairo den Kindern von ihren Betreuerinnen erzählt wurde: „Mohammed träumte von seiner Weltanschauung; auf seinem Ärmel ruhte zusammengerollt das Tier. Während die Katze schnurrte, versank Mohammed in tiefe Gedanken, denn es gibt für die Meditation keinen besseren Ton als das tiefe Schnurren der Katzen. Vielleicht dachte der Philosoph an sein Paradies. Er dachte lange nach und die Katze schlief ein. Schließlich sah sich Mohammed doch gezwungen, seinen Pflichten nachzukommen. Er nahm eine Schere, schnitt den Ärmel des Gewandes ab, auf dem es sich die Katze bequem gemacht hatte, und erhob sich, glücklich, den Schlaf des Tieres nicht gestört zu haben" (Champfleury 1869, S. 112 f.).

Auch dem deutschen Dichterfürsten Goethe war diese Vorliebe Mohammeds für Katzen bekannt. Er widmete sogar die letzte Strophe des „West-östlichen Divan" einem besonderen Katzenliebhaber, der ein Freund und Jünger des Propheten Mohammed war:

„Abuherriras Katze hier
Knurrt um den Herrn und schmeichelt:
Denn immer ist's ein heilig Tier
Das der Prophet gestreichelt."

Was es mit diesem Abuherrira für eine Bewandtnis hat, darüber klärt uns ein sonst wenig bekannter Schriftsteller namens Prideaux auf. In seinem Buch >Aus Mohammeds Leben< schreibt er: „Bei den Arabern war es Sitte,

Vater von irgendeiner Sache genannt zu werden, welche mit den Tugenden und Talenten des Betreffenden in Beziehung stand. Chalid, Gast des Mohammed, erhielt für die während der Reise nach Medina gezeigte außerordentlich große Geduld den Beinamen Abujob, d. h. Vater des Job. Und Mohammed glaubte unter den hervorragendsten Eigenschaften des Abdorraham keine achtungswürdigere zu kennen als die Liebe zu seiner Katze, die er stets in seinen Armen trug; er gab ihm daher als höchste Auszeichnung den Titel Abuhareira Vater der Katzen" (zit. nach Sackarndt 1930, S. 44 f.).

Die Liebe des Propheten zu den Katzen ist vielfach überliefert. Seiner eigenen Katze Muezza versprach der Prophet einen Platz im Paradies, zusammen mit allen anderen Katzen. Von Aische, der Lieblingsgattin Mohammeds, die nach dessen Tod großen Einfluss auf den Islam erlangte, wird der Ausspruch überliefert: „Der Prophet, Gott segne ihn und spende ihm Heil, pflegte, wenn die Katze bei ihm vorbeilief, ihr das Gefäß hinzuhalten, damit sie daraus trinken konnte." Und an einer anderen Stelle in der islamischen Literatur kann man lesen: „Siehe, der Prophet, Gott segne ihn und spende ihm Heil, wurde eingeladen zu jemandem und er sagte zu. Als er auch ins Haus anderer eingeladen wurde, sagte er nicht zu. Als man ihn darüber fragte, antwortete er: 'Im Haus des Al-Kajib ist ein Hund, aber im Hause des Al-Sahib war eine Katze'" (zit. nach Damjan u. Schilling 1969, S. 104).

Mohammed soll es auch gewesen sein, der den Katzen die Fähigkeit verliehen hat, immer auf die Füße zu fallen: Er habe seiner Muezza dreimal über den Rücken gestrichen, und seit damals könne dieser von heiliger Hand berührte Körperteil nur noch himmelwärts und nie erdwärts gerichtet sein. Eine kleinasiatische Sage dagegen berichtet, der Prophet habe der Katze die Gabe, nie auf den Rücken zu fallen, deshalb verliehen, weil eine Katze ihm das Leben rettete: „Der Prophet wandelte einst in der Wüste. Tief in Gedanken kam er vom Weg ab und wagte sich weit in unbegangene Gegenden vor. Ermüdet setzte er sich nieder und schlief ein. Da kam eine große Schlange heran und wollte den Diener des barmherzigen Gottes beißen. Aber eine Katze stürzte unvermittelt heran, kämpfte erbittert mit dem Reptil und vermochte es zu töten. Von dem Gezisch des sterbenden Untiers erwachte der Prophet. Er erkannte die Gefahr, aus welcher die Katze ihn gerettet hatte. Da liebkoste er das Tier und sprach: Der Segen sei über dir, Katze! Zur Belohnung für das Gute, das du mir getan hast, wirst du unbesiegbar sein in allen Kämpfen. Keine Kreatur auf Erden wird dich auf den Rücken werfen können" (Damjan u. Schilling 1969, S. 104). Wegen dieser Segnung des Propheten fällt eine Katze immer auf ihre Füße, von welcher Höhe sie auch herabstürze.

An anderer Stelle ist uns überliefert, dass der Prophet eine Frau bestraft haben soll, weil sie ihre Katze schlecht behandelte. Der Prophet verfügte, dass die Seele der Katze ins Paradies eintreten dürfe, die Seele des Weibes aber in die Hölle fahren müsse! Ein anderes Mal ließ Mohammed gegenüber einem Sünder Gnade vor Recht ergehen, bloß weil dieser zu einer Katze gut gewesen war: „Der Herr verzieh Abu-Bekr nicht wegen anderer Tugenden, sondern nur deshalb, weil er sich einmal einer kleinen, frierenden Katze erbarmt und sie unter seinen Pelz genommen hatte" (vgl. Damjan u. Schilling 1969, S. 104).

Was beweist diese vielfach überlieferte Geschichte von der Zuneigung des Propheten für die Katzen, fragt Champfleury, und welche Lehre soll man daraus ziehen? Seine Antwort darauf lautet: „Dass der Prophet voller Liebe für die Tiere war und dass er seinem Volk das Beispiel einer grenzenlosen Güte gab. Das Geheimnis der Männer, deren Aufgabe es ist, über die Völker zu herrschen, ein Reich zu gründen oder eine Religion zu verbreiten, besteht darin, sich voller Mitleid für die Schwachen zu zeigen. In erster Linie haben sie dann die Frauen auf ihrer Seite, denn das Kind und das Tier zu schützen entspricht der weiblichen Natur. Die Macht, die Gewalt und die Grausamkeit waren immer nur eine vorläufige Maßnahme der Regierungen. Überredungskunst, Güte und Mitleid, das sind genau die Eigenschaften, die für ewig mit den Namen der wahren Herrscher über die Völker verbunden bleiben" (Champfleury 1869, S. 113, übers. v. W. Oeser).

Mao, die Katze der Chinesen

Über die Herkunft der chinesischen Katze lässt sich kaum etwas mit Sicherheit sagen. Das chinesische Wort für Katze, „Mao", erscheint in der chinesischen Literatur zum ersten Mal etwa ums Jahr 800 vor unserer Zeitrechnung, in einer Ode, in der die Heimat einer jungen Fürstin besungen wird: „Ein schönes, liebliches Land ist Han, mit seinen Strömen und Flüssen, mit seinen Wäldern, seinen Bären und Riesenbären, mit seinem Mao und seinem Hu" (zit. nach Damjan und Schilling 1969, S. 52). Hu ist der heilige Tiger, der zusammen mit der heiligen Katze im alten China die Früchte der Felder und Äcker vor Schädlingen bewahrte. Mao vertilgte die Mäuse, Hu die schädlichen Wildschweine. Deshalb standen beide Tiere als Beschützer der Ernte in höchstem Ansehen. Sie wurden in Gedichten besungen und auf vielen Bildern sehr genau dargestellt. Interessant ist vor allem eine Zeichnung, die den traurigen Ausgang eines Streites zwischen zwei Mönchen um eine Katze darstellt (vgl. Abb. 13).

Abb. 13: Eine chinesische Katze als Opfer eines salomonischen Urteils
(nach Damjan und Schilling 1969)

Der Kommentar zu dieser Zeichnung im >Dictionnaire à l'usage des amateurs et collectionneurs d'objets d'art japonais et chinois< zeigt, dass auch in China die Katzen bei den Mönchen äußerst beliebt waren: „Die Mönche zweier sich an einer Straße gegenüberliegenden Tempel hatten Streit wegen einer wunderschönen Katze, die von einem Gebäude zum andern schweifte. Schließlich wurde der Priester Nan-zen von den beiden Parteien dazu bestimmt, dem Streitfall ein Ende zu setzen. Er nahm ein Schwert, packte die Katze und machte sich daran, so zu handeln wie vormals Salomon gegenüber den beiden Müttern, die das gleiche Kind beanspruchten. Aber die Mönche waren starrköpfig. Keine Partei wollte nachgeben, und so erhielt jeder Tempel die Hälfte des unglückseligen Kätzchens“ (zit. nach Damjan und Schilling 1969, S. 64).

Im alten China gab es auch Wildkatzen. Diese Wildkatze hieß „Li“ und unterschied sich auch äußerlich von der Hauskatze Mao, wie ein Text aus dem sechsten Jahrhundert v. Chr. erkennen lässt: „Mao gleicht dem Tiger, ist aber klein. Er wird von den Menschen als Haustier gehalten, um Mäuse zu fangen. Li ist eine größere Katze. Statt sich nützlich zu machen, stiehlt sie oft des Menschen Hühner“ (zit. nach Damjan und Schilling 1969, S. 56). Da die Chinesen die Nützlichkeit der Katze schon früh eingesehen hatten, ist anzunehmen, dass sie die Katze selbst zähmten. Diese gezähmten Katzen waren sehr wertvoll. Denn es gab im alten China unheimlich viele Ratten, aber nicht annähernd genügend Katzen, die sie alle vertilgt hätten. Katzen waren deshalb eine teure Mangelware, die man möglichst im Haus zu behalten versuchte. Denn im alten China war es nicht möglich, eine Katze, die sich in ein anderes Haus begeben hatte, wieder zurückzufordern. Ging eine Katze zu einem neuen Herrn, so konnte dieser sie als ein Geschenk betrachten, das niemand mehr von ihm zurückverlangen durfte. Diese Sitte ging sogar so weit, dass der Besitzer einer Katze sein Besitzerrecht verwirkte, wenn sein Tier über das Dach des Nachbarn strolchte oder sonstwie sein Grundstück verließ. Deshalb pflegten auch die Chinesen ihre Katzen an Schnüren zu binden. Oder sie hängten ihnen Gewichte an, damit sie nicht so leicht fortlaufen konnten. Weil es zu wenige Katzen gab, wurden sie in der chinesischen Kunst häufig gemalt oder in Porzellan modelliert. Diese Darstellungen sind oft so naturgetreu ausgeführt, dass eine ganz verblüffende Wirkung von ihnen ausging: Zündete man nämlich im Innern eines modellierten Katzenkopfes ein Lichtchen an und beleuchtete so die Pupillen, dann flüchteten die Ratten vor diesem Porzellan-Mao wie vor einer richtigen Katze. Mao rettete die Chinesen nicht nur vor der Ratten- und Mäuseplage, er diente ihnen auch als Zeitmesser. Die Chinesen beobachteten, dass die Augen der Katze nicht nur den Herrn oder die Beute von weitem erspähen können, sondern dass sie sich auch je nach Tageszeit verändern: Ist die Pupille der Katze eine schmale Linie, so ist es Mittag. Gleicht sie einem Dattelstein, so ist es Vormittag oder Nachmittag. Nachts aber ist die Pupille voll und rund.

Neko, die Katze der Japaner

Wahrscheinlich kam die Katze im 6. Jahrhundert n. Chr. zu Schiff von China ins japanische Inselreich. Wie eine Legende berichtet, hatte sie ein alter Priester zur Bewachung einer wertvollen Sammlung buddhistischer Texte mitgenommen. Die Katze bewährte sich. Die heiligen Texte kamen unversehrt nach Japan. Seitdem durfte in den Tempeln zum Schutze der Schriften nie eine Katze fehlen. „Neko", die japanische Katze, war also zu Beginn eine Art Bibliothekswächter. Erst zur Zeit des Kaiser Ichijo, der von 986 bis 1011 regierte, erschienen in Japan Katzen an der Öffentlichkeit, und zwar im Palast des Kaisers selbst. Aus alten Texten erfährt man, dass aus China dem Kaiser zwei kleine Katzen als Geschenk geschickt wurden. Der Kaiser fand großen Gefallen an den Tieren und ließ sie wie Schätze hüten. Am 19. Tag des 9. Monats des Jahres 999 bekam dann das Paar fünf Kinder. Sofort bestimmte der Kaiser zwei Minister, die sich der Neugeborenen annehmen mussten und für ihre Gesundheit verantwortlich waren. Jeden Tag brachten Diener den Kätzchen Milch und Reis, feines Fischfleisch und andere Delikatessen. Wie Kinder des hohen Adels aßen die Katzenkinder nur aus vornehmen Geschirren, sie schliefen auf weichen und kunstvoll bestickten Kissen und wurden sogar von einer Hofdame als Amme gepflegt.

Als sich auch diese Tiere vermehrten und auch gewöhnliche Leute sich eine Katze anschaffen konnten, wurden sie am kaiserlichen Hofe trotzdem weiterhin streng behütet. Sie mussten immer an Leinen gehen. Mit gutem Grund befürchtete der Kaiser, seine kostbaren Tiere könnten eines Tages die Freiheit wählen und ihm verloren gehen. Dass die Leinen die Katzen nicht nur am Davonlaufen, sondern auch am Mäusefangen hinderten, kümmerte den Kaiser wenig. Denn er glaubte, dass die bloße Anwesenheit seiner Katzen genüge, um jede Maus oder Ratte zu vertreiben. Ja, er war überzeugt, dass noch nie eine Maus auch nur den Park des Palastes zu betreten gewagt hätte. Er schrieb seinen Katzen so große magische Kräfte zu, dass er allen Ernstes glaubte, alle Mäuse und Ratten seien in solcher Furcht, dass sämtliche längst sein Reich verlassen hätten und es niemals wieder wagen würden, sich den Grenzen Japans zu nähern.

Ähnliches glaubten auch die Bauern, die Müller und die Seidenraupenzüchter. Wenn sie sich eine Katze leisten konnten, fesselten auch sie das wertvolle Tier an eine Leine und nahmen an, dass es auch so den gewünschten Dienst leiste. Und diejenigen, für die eine Katze unerschwinglich war, begnügten sich mit einer Katzenpuppe aus Lehm und Stroh oder sogar nur mit der Abbildung einer Katze und meinten, die Zauberkraft, die diesen Darstellungen innewohne, sei so gewaltig, dass sie wie ein Schutzwall um Haus und Hof gegen Nagetiere wirke. Als sich die Katzen dann – trotz der Leinen – stark vermehrt hatten und nicht mehr so selten waren, ließ die Wertschätzung nach. Der Ruhm der Katze verflog.

Etwa vom 12. Jahrhundert an begannen die Japaner die Katzen für gefährliche Bestien zu halten: Sie schlichen einem in der Nacht nach, jagten einem Dämonen auf den Hals, quälten einen jeden, der ihnen begegne, und brächten ihn manchmal sogar um. Am gefährlichsten seien alte Katzen, solche, die mehr als 10 Jahre alt seien: Sie strahlten in der Nacht ein geheimnisvolles, verderbliches Licht aus und mancher, der eine solche Katze im Haus gehalten hat, ist auf diese Weise um Hab und Gut gekommen. Außerdem standen diese alten Katzen in dem schlechten Ruf, sie könnten alte Frauen verschlingen und deren Gestalt annehmen. Selbstverständlich war es sehr schwierig, eine solche alte Katze, die in Menschengestalt umherging, zu erkennen. Die Japaner richteten deshalb Hunde eigens dazu ab, solche getarnte Katzen zu identifizieren. Überhaupt scheinen in Japan besonders enge Beziehungen zwischen Frauen und Katzen bestanden zu haben. Es gibt keine einzige Geschichte, in der ein Mann in eine Katze verwandelt worden wäre. Dieser Aberglaube, in jeder Katze könnte sich eine Frau versteckt halten oder in jeder Frau eine Katze, führte in Japan dazu, dass man im Umgang mit Katzen und im Umgang mit Frauen sehr vorsichtig war.

Beinahe 600 Jahre dauerte in Japan die Verleumdung und Versklavung der Katze. Von etwa 1400 bis 1500 genoss sie den schlechtesten Ruf. Erst im Jahre 1602 wurde überall im Lande ein kaiserliches Dekret angeschlagen, das die Vorstellungen, Katzen seien Dämonen, böse Geister oder sogar Diebe und Mörder, als Unsinn erklärte und das mit dem Satz schloss: „Alle Katzen sind von den Stricken zu lösen und sofort freizugeben; ferner ist es fortan verboten, Katzen zu kaufen oder zu verkaufen. Wer diesem Befehl zuwiderhandelt, wird mit schweren Bußen bestraft." Nach einer alten Erzählung war es zu diesem Befehl durch folgendes Ereignis am kaiserlichen Hof gekommen: Der Kaiser gab einst ein grandioses Fest zu seinem Geburtstag. Viele ausländische Gäste waren zugegen, und stolz führte der Kaiser allen Gästen seine liebste Katze, die herrliche Mao-Miu-Min vor. So-Siu, der Sohn des Kaisers, hielt sie an der Leine, die Gäste bewunderten sie und wunderten sich auch, weshalb sie festgebunden sei. Einer der Gäste, ein Diplomat aus China, fragte den Kaiser, ob die Katze immer an der Leine gehe, und als der Kaiser bejahte, fragte er weiter, wie sie denn Mäuse fangen könne. Der Kaiser belehrte den Diplomaten stolz, diese Katze sei eben eine Wunderkatze und vertreibe durch ihre bloße Anwesenheit alle Nagetiere. Der Chinese glaubte nicht recht an diese Behauptung, aber er war höflich und wollte dem großen Kaiser nicht widersprechen; so verneigte er sich nur stumm. Kurz darauf eröffneten der Kaiser und die Kaiserin den Tanz; und da geschah ein Unglück: Einer der kostbaren, mit Perlen besetzten Ohrringe der Kaiserin fiel zu Boden. Alle Gäste suchten nach dem Schmuckstück, aber niemand konnte es entdecken. Unverhofft erstarrte die Gesellschaft vor Schreck: Eine Maus rollte den Ohrring vor sich her, gerade auf ein Mauseloch zu. Der einzige, der geistesgegenwärtig das Richtige tat, war So-Siu, des Kaisers Sohn: Blitzschnell zerschnitt er die Leine von Mao-Miu-Min. Die Katze erhaschte mit einem mächtigen Sprung die Maus und legte sie mitsamt dem Ohrring der Kaiserin zu Füßen. Am nächsten Tag soll dann der Kaiser den Befehl zur Befreiung der Katzen erlassen haben (vgl. Damjan und Schilling 1969, S. 82 f.).

So nett diese Geschichte auch klingen mag, der eigentliche Anlass für die Befreiung der Katzen von ihren Stricken und Fesseln dürfte einfach der gewesen sein, dass in den 600 Jahren, in denen die Katzen angebunden waren, die Mäuse und Ratten sich immer schlimmer vermehrt hatten. Seit der Befehl erlassen worden war, verbesserte sich das Leben der japanischen Katzen. Sie konnten erfolgreich auf Mäuse- und Rattenjagd gehen und genossen wieder ihr altes Ansehen als Wächter über das Hab und Gut der Menschen.

Auch noch auf andern Gebieten wurde die Katze den Japanern wichtig und nützlich. Die Seefahrer und Fischer vergessen bei ihren Ausfahrten nie, einen dreifarbigen Kater (schwarz,

Abb.14:
Die japanische Katze als Gesellschaftstier (aus Champfleury 1869)

weiß, braun) mitzunehmen. Diese Kater sollen wahre Wetterfrösche sein. Sobald ein Sturm im Anzug ist, klettern sie auf den Mast. Und sie sollen sogar durch Zauberkräfte fähig sein, die Unwetter fern zu halten und zu bannen. Sie schützen überdies die Schiffe vor den Seelen der Schiffbrüchigen, die nie ruhen können und immerzu auf den Wogen umherwandern.

Wie sehr die Katze im 19. Jahrhundert in Japan zum vielgeliebten Gesellschaftstier wurde, zeigen nicht nur die vielen Katzendarstellungen in Kunst und Gewerbe, wie z.B. auf einem japanischen Fächer (Abb. 14), sondern auch die Tatsache, dass sich bis heute in Tokio auf dem berühmten Katzen- und Hundefriedhof Tausende von Menschen, einstige Besitzer von Katzen und Hunden, versammeln, um ihrer verstorbenen Lieblinge zu gedenken. Zuerst lauschen sie in der großen Tempelhalle den Worten der buddhistischen Priester, dann begeben sie sich auf den Friedhof, wo viele tausend Haustiere begraben sind. Hohe, schmale, in die Erde gerammte Holzlatten schmücken die Gräber. Auf den Latten sind Namen und Inschriften eingekerbt. Es gibt sogar Familiengräber, die von Bambuszäunen umschlossen sind. Viele Besucher bringen ihren toten Tieren Blumen, Lebensmittel und kleine Leckerbissen mit, die sie auf die Gräber legen.

7. Das finstere Mittelalter

Das Mittelalter war für die Katzen in Europa tatsächlich eine finstere Zeit. Überall mussten die Katzen mehrere Jahrhunderte lang Qualen, Marter und Tod ertragen. Schuld daran waren weniger die nächtlichen Streifzüge verwilderter Katzen, die unheimlichen Schreie in der Nacht oder die in der Dunkelheit leuchtenden Augen. Vielmehr hatten Katzen in früheren heidnischen Ritualen eine Rolle gespielt und wurden öffentlich zu Geschöpfen des Teufels erklärt, zu Abgesandten des Satans und Vertrauten der Hexen. Überall wurden Christen aufgefordert, ihnen so viel Schmerz und Leid zuzufügen wie nur möglich. Die Heiligen waren zu Verdammten geworden. Katzen wurden an christlichen Feiertagen öffentlich bei lebendigem Leibe verbrannt. Hunderte und Tausende von ihnen wurden geschunden, gekreuzigt, totgeschlagen, geröstet und aus den Luken der Kirchtürme geworfen.

Das war aber nicht immer so. Besonders in England erfreuten sich die damals noch seltenen Katzen einer großen Wertschätzung, wie ein Zitat aus der wegen ihrer Illustrationen berühmten >General History of Quadrupeds< von Thomas Bewick zeigt: „Zur Zeit des walisischen Königs Hoels des Guten, der im Jahre 948 starb, wurden Gesetze erlassen, die darauf abzielten, die unterschiedlichen Preise für Tiere festzusetzen und festzuschreiben. Zu diesen Tieren zählte auch die Katze, der damals auf Grund ihrer Seltenheit und Nützlichkeit große Bedeutung zukam. Der Preis eines Katzenjungen, das noch nicht sehen konnte, wurde mit einem Penny festgelegt. Bis der Beweis erbracht werden konnte, dass es auch tatsächlich eine Maus gefangen hatte, betrug er zwei Pence. Danach kostete die Katze vier Pence. Das war in jenen Tagen, da der Wert dieser Spezies besonders hoch eingeschätzt wurde, ein großer Betrag. Außerdem wurde von einer Katze noch verlangt, dass sie über ein perfektes Hör- und Sehvermögen verfüge, ein guter Mäusefänger sei, gesunde Pfoten besitze und sich die weibliche Katze als sorgsame Katzenmutter erweise. Sollte sie aber bezüglich irgendeiner dieser guten Eigenschaften enttäuschen, so musste der Verkäufer dem Käufer ein Drittel ihres Wertes nachlassen. Und sollte gar jemand die Katze, welche die Kornkammer des Prinzen bewachte, stehlen oder töten, so musste er zur Buße ein Milchschaf, dessen Wolle und ein Lamm oder aber eine solche Menge Weizen abgeben, die nötig war, um damit eine am Schwanz aufgehängte Katze, deren Kopf den Boden berührte, bis zur Schwanzspitze zu bedecken. Aus alldem können wir schließen, dass die Katzen ursprünglich keine Bewohner dieser Inseln gewesen sind. Und auf Grund der großen Sorgfalt, die man walten ließ, um die Aufzucht dieser fruchtbaren Wesen zu verbessern und zu schützen, können wir folgern, dass sie zu dieser Zeit noch wenig bekannt waren“ (Bewick 1811, S. 233 f.). Im frühen Mittelalter erfreuten sich die Katzen außerdem noch einer großen Beliebtheit bei den Mönchen und Eremiten, die ihnen aber sehr bald zum Verhängnis wurde.

Die Katze als Gefährtin der Mönche und Eremiten

Seit dem 6. Jahrhundert tauchen zahme Katzen in den Lebensbeschreibungen irischer Mönche auf. Sie sind zwar anfänglich noch wenig geachtet und werden nur benützt statt geliebt, wie die Schrift über das Leben des heiligen Samson zeigt. Der Text entstand um 564, kurz nach dem Tod des irischen Heiligen und schildert den Mordversuch seiner zwei Brüder, die ihn wegen einer Erbschaft umbringen wollten. Zu diesem Zweck überredeten sie einen Mönch, einen vergifteten Trunk herzustellen, den dieser an einer Katze ausprobierte, die sofort starb, als sie davon getrunken hatte. Ohne Zweifel handelte es sich bei diesem Tier um eine Hauskatze, die zahm im Kloster lebte. Im Leben des heiligen Abbann dagegen wird die Zähmung einer wilden Monsterkatze beschrieben, die, als sie den Heiligen erblickte, sich an sein Bein schmiegte „wie eine Hauskatze, die sich freut, wenn ihr Herr nach Hause kommt“ (zit. nach Bobis 2001, S. 42). Vom heiligen Moling, einem anderen irischen Heiligen, wird berichtet, dass er eine Katze dazu gebracht hat, auf Befehl einen Vogel auszuspucken, den sie schon im Schlund gehabt hat (vgl. ebd.). Und ein unbekannter Mönch verfasste Ende des 8. Jahrhunderts ein Gedicht zum Ruhme seiner Katze Pangur, deren Jagd nach Mäusen er mit seinen Versuchen, den Sinn der Bibeltexte zu erhaschen, vergleicht: „So freuen wir uns friedlich an unseren Werken, Pangur der Weiße, mein Kater, und ich. In unseren Künsten finden wir unser Glück, ich das meine wie er das seine“ (Flower 1947, S. 25; vgl. Bobis 2001, S. 51).

Aber nur kurze Zeit später wird diese Idylle vom friedlichen Beisammensein von Mönch und Katze zerstört. Der Hofdichter des Königs Pippin, Ermoldus Nigellus, bringt dafür ein charakteristisches Beispiel, das er nach seinen Angaben dem Leben der Kirchenväter entnommen hatte: „Ein Einsiedler lebte in der Wüste. Er war immerzu allein und zeigte sich erfreut über diese Einsamkeit; er hatte keine andere Sorge als die Liebe zu Gott. Seine Gebete und seine Tränen brachten ihm schließlich den Lohn ein, dass er den Herrn sehen durfte. Die Schrift lehrt uns nämlich, dass Gott dem Einsiedler jedes Mal erschien und zu ihm sprach, wenn dieser sich an ihn wandte. Aber nach so großer Belohnung nährte er zu seinem Unglück eine Katze, die ihm nützlich war; sie war Trost und Zuspruch für den Mönch, ein Tischgefährte für den Einsiedler, und wie ein Vater streichelte er dem Tier den Rücken. Als er eines Tages wieder Christus sehen wollte, empfing er nicht die gewohnten Antworten und begriff, dass er gesündigt hatte. Er vergoss Sturzbäche von Tränen, schlug sich mit den Fäusten auf die Brust, zerkratzte sich mit den Fingernägeln das Gesicht. Gerührt durch seine Gebete, seine Zerknirschung und seine flehentlichen Bitten um Vergebung, sprach Christus zu ihm: Es ist die Katze, die solch großes Unglück bewirkt hat! Solange es dein größtes Vergnügen war, mich zu sehen, konntest du dich oft an meinem Anblick ergötzen. Je stärker aber deine Liebe zu dieser Katze anwuchs, je mehr ist, glaube mir, mein Anblick dir entzogen worden.“ Als der Eremit diese Worte vernahm, sprang er los auf „das kleine Tier, durch das so viel Unglück in die Welt kommt“, versetzte der Katze eine tüchtige Tracht Prügel und forderte sie auf, draußen Mäuse zu fangen (vgl. Bobis 2001, S. 53).

Diese Geschichte ist beispielhaft für die asketische Haltung des mittelalterlichen Christentums, das die Vertrautheit des Menschen mit der Katze deswegen verdammte, weil sie den Menschen von Gott entfernt und gleichzeitig das Tier von seiner Aufgabe abbringt, die ihm Gott zugeteilt hat. Die Missbilligung der Kirche an der vertrauten Beziehung von Mensch und Katze kommt auch in den Mönchsregeln des >Liber confortatorius< (1082/83) von Goscelin zum Ausdruck, wo geschrieben steht: „Nimm weder eine Katze noch Vögel noch ein kleines Tierchen oder ein anderes vernunftloses Wesen als Haustier bei dir auf. Sei zurückgezogen und allein mit Gott.“ Auch der Bischof Raymond verbot im Jahre 1138 einer kleinen Ordensgemeinschaft, Hunde oder Katzen zu halten.

Es gab aber auch weniger strenge Regeln, wie ein geistliches Traktat aus dem frühen 13. Jahrhundert den Nonnen nahe legt, außer einer Katze kein Tier zu halten. Im ausgehenden Mittelalter wird sogar die Katze als hilfreiche Dienerin der Einsiedler und Mönche akzeptiert, wie die von Petrus Horn verfasste Lebensbeschreibung des Meisters Gerhard zeigt: Der gottesfürchtige Mann „hatte allen irdischen Dingen entsagt und zog sich in ein Häuschen zurück, wo er ein abgeschiedenes Leben führte. Statt einer Dienerschaft hatte er dort nur eine Katze um sich, die ihm die Essschüsseln reinigte. Nach dem Mahl gab er sie seinem Katzen-Diener nämlich zum Sauberlecken, wenn sie rein waren, legte er sie wieder in den Korb, der über dem Tisch hing“ (Horn 1909, S. 352).

Dagegen misstraut die Äbtissin Hildegard von Bingen der Katze. Die Heilige bringt sie mit seltsamen Geistern in Zusammenhang und hält sie sogar für giftig: „Die Katze ist eher kalt als warm und zieht die schlechten Säfte an; sie verabscheut nicht die Geister der Luft, und diese Geister empfinden auch keinen Abscheu vor ihr. Sie ist auf natürliche Weise mit der Kröte und der Schlange verbunden. Mitten in den Sommermonaten, wenn es am heißesten ist, ist die Katze nämlich trocken und kalt und schleckt gern Kröten oder Schlangen ab, um sich an ihrem Saft zu laben, der für sie ein Lebensmittel ist; anders könnte sie nicht überleben, sondern sie ginge zugrunde. Und vom Saft, den sie von ihnen empfängt, ist sie sozusagen innerlich giftig; ihr Hirn und Fleisch werden giftig. Sie ist nicht gern mit den Menschen zusammen außer mit dem, der sie füttert. Zu der Jahreszeit, wo sie Kröten und Schlangen ableckt, ist auch ihre Wärme für den Menschen schädlich und giftig. Wenn die Katze ihre Jungen in sich trägt, stachelt ihre Wärme den Menschen zur Lust an; in der übrigen Zeit wird ihre Wärme für den gesunden Menschen nicht nachteilig sein“ (Liber subtilitatum, zit. nach Bobis 2001, S. 93).

Die Verteufelung der schwarzen Katze

Während Guillaume d’Auvergne in seiner >Abhandlung über den Glauben und die Gesetze< (Tractatus de fide et legibus, in: Opera Omnia, Orléans 1674) noch davon spricht, dass „Luzifer seinen Anhängern und Bewunderern in Gestalt einer schwarzen Katze oder einer Kröte erscheinen kann“, tritt bereits an der Wende vom 12. zum 13. Jahrhundert an die Stelle der unzähligen Dämonen, die in frühen Heiligenviten erschienen, ein einzelner Katzenteufel. Die Katze ist nicht mehr eine Tiergestalt unter vielen, in die sich der Teufel verwandelt, sondern dessen eigentliche Inkarnation und wird immer gleichartig beschrieben: Sie ist schwarz, hat eine ungewöhnliche Größe und Augen wie Feuerflammen. Eine derartige Beschreibung dieser schrecklichen Teufelskatze erscheint zuerst in der kurzen Zeugenaussage einer gewissen Berengere, aufgenommen in der Gegend der Katharer im Sommer 1233, als Gregor IX. eine Untersuchung anordnete, die der Heiligsprechung von Dominikus vorausging. Berengere sagte unter Eid aus, sie habe es mit eigenen Augen und Ohren miterlebt, wie der selige Dominikus neun vom Teufel besessenen adeligen Frauen, die er bekehrt hatte, befahl, den Dämon zu betrachten, der sie in Gestalt einer Katze beherrscht hatte: „Die Augen dieser Katze glichen denen eines Ochsen, ja, sie waren wie eine Flamme; das Tier steckte die Zunge heraus, die einen halben Fuß lang war und einer Flamme ähnelte; es hatte einen Schwanz von fast einer halben Armeslänge und war so groß wie ein Hund; auf Befehl des Heiligen entschlüpfte es durch das Loch, welches man für das Glockenseil gelassen hatte“ (Acta canonizationis sancti Dominicu, hrsg. von R. Walz, in: Monumenta Ordinis Fratrum Praedicatorum Historica, XVI, fasc. II, 1935, S. 186).

Die gleiche schwarze Katze taucht auch in der Legende vom heiligen Ludwig von Anjou auf. Dieser Heilige wurde 1274 als zweiter Sohn Karls II. von Anjou geboren. Er wurde mit seinen beiden Brüdern als Geisel nach Barcelona geschickt, um seinen Vater auszulösen. Während seiner Gefangenschaft sahen seine beiden Brüder eine schwarze Katze von der Größe eines Hundes, die den Heiligen während seines Gebetes überfiel (Processus canonizationis sancti Ludovici, Analecta franciscana, 7, 1951, S. 13).

Nicht nur die Heiligen hatten unter den Angriffen der schwarzen Teufelskatzen zu leiden. Glaubt man dem Zisterzienser Caesarius von Heisterbach, der von 1180 bis 1240 lebte, so waren auch einfache Mönche davon betroffen. Wie er in seinem Dialog über die Wunder berichtet, gewahrte ein Mönch der Abtei Himmerod im Rheinland unweit von Heisterbach mehrfach eine Katze, die auf dem Kopf eines Laienbruders saß und ihm mit ihren Pfoten die Augen zuhielt. Der Laienbruder, der die fatale Angewohnheit hatte, im Chor zu schlafen, wurde darauf aufmerksam gemacht und konnte diesen verführerischen Dämon der Schläfrigkeit mit einer selbst erdachten List vertreiben. Er baute seinen Chorstuhl so um, dass er beim Einschlafen unweigerlich umfallen musste.

Dieser Mönch von Heisterbach war es auch, der in der folgenden Geschichte die Vorstellung von der besonderen Nähe der Katze zum Tod aufbrachte, die sich seitdem bis in die Neuzeit erhalten hatte: „Ein geldgieriger Priester eilte zum Bett eines reichen Mannes, um ihm in seiner letzten Stunde beizustehen. Da erschien jemand, der ihm mitteilte, dass eine Witwe im Sterben liege und ihn zu sich bitte. Ein Diakon, welcher der Szene beiwohnte, trat für die arme Frau ein und erhielt, nachdem er dem Zorn des Priesters getrotzt hatte, die Erlaubnis, sich zu ihr zu begeben. Sofort eilte er zum baufälligen Haus der Witwe. Beim Überschreiten der Türschwelle bemerkte er die Jungfrau Maria, umringt von einem Engelschor. Sie war gekommen, um der Witwe ihren letzten Augenblick zu erleichtern. Maria ließ ihn eintreten, und der Diakon nahm inmitten dieses Kreises der Frau die Beichte ab. Als er daraufhin in den Palast des Reichen zurückkehrte, noch ganz benommen vom Wunder, dem beizuwohnen er die Ehre gehabt hatte, bemerkte er schwarze Katzen, die das Bett des Sterbenden umringten. Diesen wiederum hörte er schreien: ‘Entfernt diese Katzen, schafft sie weg, helft einem Unglücklichen!’ Dann sah er einen Schwarzen, einen Äthiopier, der dem Reichen einen Haken in den Hals stieß und damit die zitternde Seele herausriss“ (Caesarius von Heisterbach 1901; vgl. Bobis 2001, S. 166 f.).

Die Katze in den Fängen der Inquisition

Gegen Ende des 12. Jahrhunderts bis weit in das 13. Jahrhundert wurde die schwarze Katze als Inkarnation des Teufels mit einer ganzen Reihe von Häresien in Verbindung gebracht, von denen die Katharer und Waldenser die bekanntesten waren. Sie alle wurden immer wieder beschuldigt, im Geheimen Katzen anzubeten. Der bereits erwähnte Papst Gregor IX. verfasste im Jahre 1233 die Bulle >Vox in rama<, mit der die Verfolgung dieser „Sekten der Verlorenen“ begann. Und es waren vor allem die Dominikaner, die als Inquisitoren diese neue „Pest“ vertreiben sollten. Im Jahr 1236 wurde der Dominikaner Etienne de Bourbon als Inquisitor von Bischof Hugues de la Tour nach Clermont gerufen, um Häretiker zu verurteilen, die in Saint-Pourcain gefangen genommen worden waren. Es handelte sich wahrscheinlich um Waldenser, denn es gab zu diesem Zeitpunkt viele Anhänger dieser Sekte in dieser Region. Darunter befand sich auch eine Frau, „die wegen bestimmter Hexereien ergriffen wurde“. Sie gestand, geheime Zusammenkünfte in einem Keller besucht zu haben: Wer daran teilnahm, trug eine Fackel, und alle umringten eine große Schale voller Wasser, in deren Mitte eine Lanze gerammt war. Der Meister habe Luzifer „bei seinem Barte“ beschworen, und eine furchtbare Katze sei daraufhin die Lanze herabgestiegen. Sie habe die Anwesenden mit Wasser bespritzt und sich dabei ihres Schwanzes als Weihwasserwedel bedient (Anecdotes historiques, légendes et apologues tirés du recueil inédit d'Etienne de Bourbon, dominicain du XIIIe siècle, hrsg. von A. Lecoy de La Marche, Paris 1877, Fußnote 367, S. 322 f.).

Eine schwarze überdurchschnittlich große Katze spielte auch noch in einer Serie von Prozessen gegen Waldenser-Gemeinden, die um 1387 in Turin und Pignerol stattfanden, eine wichtige Rolle. So gestand Antonio Galosna, an einem Dutzend häretischer Versammlungen teilgenommen zu haben, bei denen es zu Orgien und Dämonenhuldigungen gekommen war. Er bezichtigte die Waldenser und insbesondere einen gewissen Martin, den er bei einem Abendessen gesehen hatte, wie er eine schwarze Katze von der Größe eines Lammes in den Armen hielt: Martin beköstigte sie wie einen normalen Gast und äußerte, sie sei der beste Freund, den er auf der Welt habe (Processus contra Valdenses in Lombardia superiori, anno 1387, hrsg. von G. Amati, Archivio storico italiano, Bd. II, Teil 1, 1865, S. 5).

Die Katharer waren eine manichäische Sekte, die die Tiere Gottes von denen des Teufels unterschieden. Nach Alain de Lille, einem Gelehrten des zwölften Jahrhunderts, führten sie ihren Namen auf Katzen zurück, denn in Gestalt der Katze sei ihnen Luzifer – der Teufel – erschienen. Sie wurden deswegen in der ersten Hälfte des 13. Jahrhunderts ebenso sehr wie die Waldenser bekämpft.

Die Inquisition machte auch nicht vor dem geistlichen Ritterorden der Templer halt. Dieser Orden war während der Kreuzzüge im Jahre 1118 von Hugo von Payens gegründet worden, um die nach dem Heiligen Land wallfahrenden Pilger vor den Angriffen der Sarazenen zu schützen. Sein Sitz in Jerusalem lag dicht neben dem Heiligen Grab und soll jener Ort gewesen sein, an dem früher der Tempel Salomons stand. Deswegen nannten sich die Ordensritter Templer (Templarii). Von jeder anderen Gewalt unabhängig, standen sie unmittelbar unter dem Papst und waren von allen Abgaben und Zöllen befreit. Dadurch nahm der Reichtum des Ordens schnell zu. Um die Mitte des 13. Jahrhunderts besaßen die Templer fast 9000 Komtureien, zahllose Güter und reiche Einkünfte. Die meisten Besitzungen hatten sie jedoch in Frankreich, wo sich nach dem Ende der christlichen Herrschaft in Syrien im Jahre 1291 mehr als ein Drittel der Ordensleute zurückzog, während sich der Großmeister in Zypern niederließ.

Die unabhängige wohl organisierte und wohlhabende Armee von 15 000 Templern war für den damaligen König von Frankreich, Philipp IV., der keine Kontrolle über sie besaß, ein Ärgernis. Er veranlasste den Großinquisitor, die Templer der Götzendienerei und unnatürlicher Ausschweifungen zu beschuldigen. Am 13. Oktober 1307 wurden die Templer angeklagt und befragt, ob sie die Katze anbeten würden und dies als Zeichen der Verachtung Jesu Christi täten. Bei diesen Befragungen spielte auch ein bis heute nicht sicher geklärtes Symbol der Templer, genannt „Baphomet“, eine Rolle. Dieser seltsame Name, der Anklänge an die ägyptische Bastet oder Bubastis hat, bezog sich auf mehrere vorgefundene Figuren aus Stein mit zwei Gesichtern, die weibliche Züge tragen und mit Schlangen, Sonne, Mond und anderen Attributen ausgestattet waren. Da diese Figuren meistens auch mit arabischen Zeichen beschriftet waren, wurde der Name Baphomet schon frühzeitig auch für eine Entstellung des Namens Mahomed gehalten. Denn der Templerorden wurde auch einer Hinneigung zum Islam beschuldigt. Nach anfänglichem Leugnen legten schließlich die Templer unter der Folter ein Geständnis ab. Als aber wenig später 54 Templer ihre derart erpressten Aussagen widerriefen, wurden sie am 13. Mai 1310 als rückfällige Ketzer verbrannt. Das gleiche Schicksal erlitt am 18. März 1313 auch der Großmeister der Templer Jakob von Molay, der bis zuletzt die Schuld des Ordens leugnete, den der Papst Clemens V. bereits ein Jahr zuvor aufgelöst hatte.

8. Die Katze als Begleiterin der Hexen

Nicht nur im Mittelalter, sondern auch noch am Beginn der Neuzeit mussten unzählige Katzen als Begleittier von Hexen in Deutschland, Frankreich und England ihr Leben lassen. Dass der Hexenglaube in Deutschland allgemein verbreitet war, stellte bereits Jacob Grimm in seiner >Deutschen Mythologie< fest: „Das Volk sagt: eine zwanzigjährige Katze werde zur Hexe, eine hundertjährige Hexe wieder zur Katze." Hexenkatzen spielten daher auch in den Märchen der Brüder Grimm eine Rolle, wie die Geschichte von dem, der auszog, um das Gruseln zu lernen, zeigt. Dort handelte es sich aber um einen unerschrockenen Burschen, der die Katzen, die ihn um Mitternacht bedrängten, kurzerhand in einen Schraubstock klemmte und ihnen die Krallen beschnitt. Um es den Hexen zu verleiden, sich in Katzen zu verwandeln, wurden an vielen Orten die so genannten „Beißkatzen" aufgestellt. Das waren große Tonnen, in welche die Frauen so hineingesteckt wurden, dass nur noch die Köpfe herausschauten. Je zwei und zwei der als Hexen Verdächtigten wurden auf diese Weise zueinander gesellt und mussten zur allgemeinen Belustigung sich gegenseitig beschimpfen und schmähen, bis es einer zu viel wurde: Diese galt dann als überführt und musste als Hexe den Scheiterhaufen besteigen. Die Siegerin dagegen galt als geheilt und wurde aus der Beißkatze befreit.

Wie groß die Zahl der Opfer gewesen ist, kann man daraus ersehen, dass in den sieben Jahren von 1587–1593 allein in 20 Dörfern in der Nähe von Trier 360 Personen auf den Scheiterhaufen zu Grunde gingen. Auch in der Schweiz gab es Hexenprozesse. Gegen Ende des 16. Jahrhunderts wurden in Genf in einem Zeitraum von drei Monaten rund 500 Hexen verbrannt und Ludovicus Paramo berichtet, dass die Inquisition in 150 Jahren 30000 Hexen auf den Scheiterhaufen brachte (vgl. Michel 1870). In fast allen diesen Hexenprozessen kamen Katzen vor und wurden mit verurteilt.

Der Teufel in Katzengestalt

In Frankreich soll der Kampf gegen Hexerei vor allem in Savoyen und in der Dauphine seinen Ausgang genommen haben. Hier wurde in der zweiten Hälfte des 13. Jahrhunderts ein Inquisitionsgericht eingesetzt, das die Waldenser verfolgte, die sich in den dortigen Hochtälern niedergelassen hatten. Seit dem 15. Jahrhundert ging es auch gegen Zauberer und Hexen vor. In zahlreichen Überlieferungen wird behauptet, dass sich die schwarze Teufelskatze der Häretiker immer noch zeige. „Waldensische Hexen“ werden zuerst von einem Propst in Lausanne Martin le Franc erwähnt; er verfasste um 1440 die allegorische Dichtung >Le Champion des Dames<, in der alte Frauen beschuldigt werden, dass sie sich nachts im Wald versammelten, um dort ihre vertrauten Teufel zu treffen. Damit liefert er eine der ersten Beschreibungen des Hexensabbats. Eine jener Frauen, erklärt er, hätte gebeichtet, schon mit sechzehn auf einem Stock in die „Hurensynagoge“ geritten zu sein. Zehntausend alte Weiber beteten dort den Teufel in Gestalt einer Katze an. Dieser Teufel in Katzengestalt drehte sich inmitten der Versammlung im Kreis und hörte wie ein Richter oder ein Advokat alle Gesuche an; eine jede behandelte ihn ehrfürchtig, als wäre er ein Gott. Andererseits verweist aber der Autor auf den heiligen Augustinus, der es für unmöglich hielt, dass ein menschliches Wesen sich auf einem Stock sitzend fortbewege. Allerdings geht er nicht so weit zu verneinen, dass es Hexen gäbe, denen der Teufel im Schlaf die Sinne trübt und die er glauben macht, sie bestiegen eine Katze oder einen Hund, um sich zu nächtlichen Zusammenkünften zu begeben (vgl. Bobis 2001, S. 199 f.).

In der Dauphine, sehr früh ein Gebiet der Inquisition und der Hexenverfolgung, wird die Katze selten in den Gerichtsprotokollen erwähnt. In den Vernehmungen nimmt der Teufel manchmal deren Gestalt an, um die Hexen zu verführen, allerdings zeigt er sich ihnen lieber in menschlicher Gestalt. Einem gewissen Thomas Begue begegnete der Teufel zuerst in Gestalt einer Katze, dann in der eines alten schwarzen Mannes. Marguerite, die Frau von Antoine Coyfier, berichtet von einem Teufel, der ihr als Hahn erschien, dann als schwarze Katze und schließlich als rothaariger Mann von dreißig oder vierzig Jahren, der mit einer schwarzen Kapuze und einer kurzen grauen Tunika bekleidet war. Die meisten Hexen der Dauphine sind arme Leute gewesen mit Ausnahme eines Hexers, eines gewissen Jean, der verfolgt wurde, weil er sich einer gelehrten Spielart von Magie bedient hatte. Dieser getaufte jüdische Arzt, der aus Saint-Nicolas-de-Bari stammt, gestand, vier Dämonen in seinem Dienst gehabt zu haben: Bara, der die Gestalt eines Reisigen (eines berittenen Söldners) mit dem Gesicht eines Gehängten und manchmal die eines schönen jungen Mädchens angenommen habe, entdecke versteckte Schätze und mache Frauen seinen Annäherungsversuchen gefügig; Belsebut erscheine in Gestalt einer Ziege und räche Jean an seinen Feinden; Aleha nehme die Gestalt einer Katze an und Acheran die eines Schweines; beide begleiteten ihn auf Reisen und setzten ihn von Gefahren in Kenntnis.

In Lothringen nahm der Teufel die verschiedensten Gestalten an, um den Tribut seiner Anhänger entgegenzunehmen: Er erschien als Ziegenbock, Pferd, Stier, Hund, Katze, sogar als Tonne, die Feuer und Rauch spie. Zugleich bevorzugte er die Gestalt eines Haustieres, eines schwarzen Hundes oder einer schwarzen Katze, für seine tagtäglichen Geschäfte mit einer Hexe. Auch im Elsass soll der Teufel in Gestalt einer Katze regelmäßig Hexen besucht haben. Die erst dreizehn- oder vierzehnjährige Madeleine des Aymards wurde 1606 der Hexerei angeklagt. Wie sie erzählte, war sie in jungen Jahren zu ihrem Onkel väterlicherseits geschickt worden, wo sie die Bekanntschaft des Teufels gemacht habe. Der Teufel erschien ihr als ein Mann, der in schwarzes, feines Tuch gekleidet war. Weil er ihr Reichtum versprochen hatte, gab sie sich ihm hin. Vierzehn Tage später kam abends eine schwarze Katze in ihre Kammer, packte sie an den Füßen und wollte sie zu Fall bringen. Die Schreie des Mädchens alarmierten die Verwandten, und das Tier verschwand.

Die Katze als Reittier der Hexen

In Aussagen von Hexen kommt die Katze noch unter anderen Umständen ins Spiel: Damit sie sich an geheimen, unzugänglichen Orten, wie etwa auf Gipfeln hoher Berge, zum Sabbat versammeln konnten, bot der Teufel ihnen verschiedenartige Reittiere an. Neben den traditionellen Stöcken und Besen, die mit einer besonderen Salbe überzogen waren, gab es zu diesem Behuf auch Dämonen, welche die Gestalt aller möglichen Tierarten annehmen: Schweine, Esel, Schafe, Stiere, Hunde, Wölfe, besonders Ziegenböcke und Pferde und sehr selten auch die von Katzen. Diese Reittiere unterscheiden sich wiederum von Region zu Region. Der >Champion des Dames< des Propstes von Lausanne erwähnt für diesen Zweck Katzen, die ab 1440 in Savoyen verwendet wurden. In Lothringen griffen Hexen niemals auf Katzen zurück, um sich fortzubewegen, während sie im Elsass Katzen gern benutzten und manchmal sogar von Katzen, Hunden oder Schweinen gezogene Kutschen bestiegen. Anne-Marie von Münster gestand, dass der Teufel seine Gefolgsleute zu Fuß zum Sabbat führe, durch die Lüfte trage oder in einer mit vier schwarzen Katzen bespannten Kutsche befördere (vgl. Bobis 2001, S. 204 f.).

Die Katze als verwandelte Hexe

Der Glaube an Hexen, die sich in Tiere verwandeln können, ist im Abendland seit der römischen Zeit belegt. Lateinische Dichter wie Ovid, Tibull und Petronius berichten von Hexen, die sich in nächtliche Raubvögel verwandeln. Diese Geistervögel oder „Strigen“ sollen gellende Schreie ausstoßen und sich auf Säuglinge stürzen, denen sie die Eingeweide zerfetzen. Einen ähnlichen Mythos von solchen kannibalischen Strigen kannten auch die germanischen Völker des Hochmittelalters.

Die erste unanfechtbare Anspielung auf in Katzen verwandelte Hexen geht auf Gervasius von Tilbury zurück, der ein Kapitel seiner >Otia imperialia< (1210) solchen, wie er sagt, „nächtlichen Trugbildern“ widmet. Dennoch scheint er den Geständnissen ihm bekannter Frauen geglaubt zu haben, welche aussagten, sie attackierten Kinder und würden in Trupps durch die Welt fliegen, während ihre Ehemänner schliefen. Einige von ihnen seien nachts in Katzengestalt aufgespürt und verletzt worden und hätten am Morgen Wunden und Spuren von Schlägen an ihrem Körper feststellen müssen.

Eine Bestätigung dieser Ansicht lieferten die Verfasser des berüchtigten >Hexenhammer< (1486/87), Jakob Sprenger und Heinrich Institoris, zwei Dominikaner, die im 15. Jahrhundert Inquisitoren im Rheinland waren. Sie erzählen von einem „verbürgten Ereignis“, das sich in der Diözese Straßburg zugetragen habe: „Es gibt eine Stadt in der Diözese Straßburg, deren Namen zu verschweigen die Pflicht der Liebe und des Anstandes fordern, wo einst ein Arbeiter in einem Hause Brennholz zersägte; da kam eine Katze von nicht geringer Größe, die sich abarbeitete, an ihm emporzuspringen und ihn so zu belästigen. Er verjagte sie, aber siehe da! eine zweite, noch größere kam zugleich mit der ersten, und beide griffen ihn noch ungestümer an; als er sie wieder vertreiben wollte, da wurden es drei und griffen ihn an, indem sie bald nach seinem Gesichte drangen, bald ihn in die Hüfte bissen. Jener, in Furcht gesetzt und erschrocken (wie er selbst erzählte) wie nie zuvor, schützte sich mit dem Zeichen des Kreuzes, ließ seine Arbeit im Stich, und indem er mit einem Stück gespaltenem Holz auf die feindseligen Katzen, die immer wieder bald nach seinem Kopfe, bald nach seiner Kehle drangen, losschlug, der einen auf den Kopf, der anderen auf die Beine oder über den Rücken, verjagte er sie endlich mit Mühe und Not.“ Eine Stunde später wurde der Arbeiter arretiert, ohne dass er wusste, warum. Schließlich begriff er, dass man ihm vorwarf, drei der angesehensten Damen der Stadt verletzt zu haben. Daraufhin erinnerte er sich an die Katzen, die ihn angefallen hatten und nach denen er geschlagen hatte. Die Richter, die feststellten, dass die Damen Spuren von Schlägen aufwiesen, ließen ihn frei und nahmen ihm das Versprechen ab zu schweigen.

Um 1420 schildert Johannes Hartlieb, Arzt des Herzogs Albrecht III. von Bayern, in seiner Abhandlung über die verbotenen Künste eine ähnliche Begebenheit, die sich in Rom abgespielt haben soll. Eine Katze sei in ein Bürgerhaus eingedrungen und habe ein in der Wiege liegendes Kind gebissen. Der alarmierte Vater hatte sie mit einem Messer verletzt, als sie aus dem Fenster flüchtete. Zwei Tage später sagte er einer Nachbarin, die sich zur Messe begab, sie sähe krank aus. Diese aber gab ihm die sonderbare Antwort: „Würde dir mein kränkliches Aussehen wirklich leid tun, dann hättest du mir das nicht antun dürfen" (Hansen 1901, S. 131). Vier Tage später bemerkte man, dass die Frau am Kopf Stichwunden hatte, die den Vater an die Katze und die seltsamen Worte der Frau erinnerten. Daraufhin ließ er sie festnehmen. Die Hexe war alles andere als reumütig; sie erklärte vor Gericht, ihre sie unsichtbar machende Fluchtsalbe leider nicht bei der Hand zu haben. Hartlieb und andere wollten die Wirkung jener Salbe prüfen. Allerdings widersetzte sich ein Arzt dem Experiment, und die Frau wurde verbrannt.

Bei den italienischen Theologen, die oft zugleich Inquisitoren waren und als solche ohne weiteres an die Verwandlung des Teufels in Katzen glaubten, erregte solche Verwandlung einer Hexe in eine Katze jedoch Misstrauen und Unglauben. Die meisten von ihnen folgten hierin Augustinus, der die Möglichkeit der Verwandlung eines Menschen in ein Tier überhaupt bestritten hat. Unter dem Druck der Volksmeinung waren sie aber gezwungen, sich damit zu beschäftigen. So verfasste der Dominikaner Giordano von Bergamo um 1460 in Verona eine Schrift zu dieser heiklen Frage. Gestützt auf zahlreiche kirchliche Autoritäten, allen voran der heilige Augustinus, war er der Meinung, dass es sich hier um Täuschungen handle, die der Teufel auf verschiedene Weise hervorrufe, insbesondere, indem er mit Luft und Wasserdampf eine Figur bilde, die er belebe und der er die Gestalt einer Katze geben könne. „Auf diese Weise", sagt Giordano, „nimmt der Teufel meistens Katzengestalt an, schlendert auf den Dächern entlang, betritt Häuser und hypnotisiert und tötet Kinder." Der Teufel könne dieses Bild auch hervorrufen, indem er sich der Augenflüssigkeit eines Individuums bediene, das daraufhin glaube, verwandelt zu sein. Schließlich könne er den Schlaf der Hexe ausnutzen, um ihr so deutliche Visionen einzupflanzen, dass sie nach dem Aufwachen Stein und Bein schwört, diese Visionen seien real.

Der Franziskaner Pacifico von Novara hielt es sogar für eine Todsünde zu glauben, dass Frauen sich in Katzen verwandeln und Männer in Wölfe, dass sie Donnerstagnacht in Gruppen auf einem eingesalbten Stock ritten oder auf bestimmten Tieren, dass sie in Häuser eindrängen und Kinder fressen würden. In Wirklichkeit, meint Pacifico, öffnet der Teufel selbst den Hexen die Türen und setzt zwischen sie und jene, die sie sehen, eine Wolke in Form einer Katze oder eines Wolfes. Die Schläge, die das Tier erhalten habe, würden dann durch den Teufel an die Hexe weitergegeben. Das diene dazu, die Täuschung so komplett wie nur irgend möglich zu machen.

Eine besonders schauerliche Version der in eine Katze verwandelten Hexe ist die vampirische Hexenkatze, die sehr häufig von Eltern für den rätselhaften Tod ihrer Kleinen verantwortlich gemacht wurde. So wurde dem Dominikaner Bartolomeo Spina, um 1520 Inquisitor in Ferrara, von Antonio Leo und seiner Frau unter Eid versichert, sie seien nachts vom Weinen ihres Kindes geweckt worden. Zwei große Katzen wären auf mysteriöse Weise ins verschlossene Zimmer eingedrungen. Obwohl man heftig auf die Tiere einschlug, konnten sie durchs Fenster entweichen. Das Kind war schon ganz blutleer und starb wenige Tage darauf. Diese Katzen seien, so behaupteten die Eltern, in Wahrheit Hexen gewesen. Wie die anderen italienischen Theologen so versucht auch Spina eine der kirchlichen Autorität entsprechende Erklärung, welche die Verwandlung eines Menschen in ein Tier vermeidet: Mit einer List könne der Dämon einen aus Luft fabrizierten Katzenleib zwischen das Auge und das betrachtete Objekt schieben, und man sehe statt der Hexe diese illusorische Katze. Von den Untaten der Hexen selbst ist aber Spina überzeugt. Auch wenn der vampirische Akt manchmal nur eingebildet ist, so wie die Hexen auch nur glauben, sie würden sich in Katzen verwandeln, ist er aber häufig ganz real: Hexen bringen den Kindern mit Fingernägeln oder Nadeln winzige Wunden bei und berauben sie auf diese Weise nach und nach ihres Blutes (Spina 1576; zit. nach Bobis 2001).

Auch Juristen, die sich kaum für theoretische Fragen interessieren, welche mit der Verwandlung zusammenhängen, waren mit diesem Aberglauben konfrontiert. So berichtet der Jurist und Philosoph Jean Bodin die Geschichte der Hexen von Vernon, die sich um 1566 gewöhnlich in einem alten, ehemaligen Schloss in großer Zahl in Katzengestalt zusammenfanden. Als der Zufall es wollte, dass vier oder fünf Männer beschlossen, dort die Nacht zu verbringen, wurden sie von unzähligen Katzen angegriffen; einer der Männer wurde getötet, die anderen erlitten Verletzungen. Nichtsdestoweniger verwundeten sie auch mehrere Katzen, die sich anschließend in Frauen verwandelten, die Verletzungen aufwiesen. Diese Geschichte erschien Bodin so unglaubhaft, dass auf eine gerichtliche Verfolgung verzichtet wurde. Ihn selbst überzeugten jedoch die im >Hexenhammer< berichteten Fakten, denn die rheinischen Inquisitoren, die in einem Land operierten, welches seit jeher von Hexern belagert wurde, hatten in seinen Augen unbestreitbare Erfahrung. So glaubte auch Nicolas Remy, Richter im Herzogtum Lothringen, dass zahllose in Katzen verwandelte Dämonen die Hexen auf ihren nächtlichen Streifzügen begleiteten. In Katzengestalt konnten sie nämlich mühelos auf den Dächern entlangspazieren und durch enge Löcher schlüpfen. Diese dämonischen Katzen unterschieden sich von den vertrauten Tieren lediglich durch ihre Aggressivität.

Um 1600 bestritt Henri Boguet, Richter in der Grafschaft Burgund, nachdrücklich die Verwandlung von Frauen in Kinder fressende Nachtgespenster, denen nachgesagt wurde, sie saugten ungetauften Kleinkindern das Blut aus, und die vorgaben, nachts in Gestalt von Katzen in Häuser einzudringen. Verschiedene Zeugen hatten ihm aber Berichte geliefert, die Glauben verdienten: Ein gewisser Charcot war in einer Nacht von unzähligen Katzen angegriffen worden, die aber sofort verschwanden, als er sich bekreuzigte. Ein anderer Bericht stammt von einem Reiter, der mit seinem Gewehr auf Katzen geschossen hatte und danach einen Schlüsselbund fand, den er aufhob und mitnahm. Kurze Zeit später betrat er eine Herberge, in der die Herrin des Hauses und die Kellerschlüssel verschwunden waren. Der Wirt erkannte im gefundenen Schlüsselbund den eigenen. Als seine Frau heimkehrte und an der rechten Hüfte verletzt war, musste sie gestehen, dass sie vom Sabbat kam, zu dem sie als Katze gelaufen war.

In Lothringen war die Vorstellung von der Verwandlung der Hexe in eine Katze weit verbreitet. Dort wimmelt es in den Zeugenaussagen von wundersamen Begebenheiten: Die einen erzählen, dass Katzen in Häuser eindringen und auf unerklärliche Weise verschwinden; nach den Berichten anderer weisen die Körper alter Frauen Spuren von Schlägen auf, die man Katzen verpasst hatte; wieder andere sagen, dass geheimnisvolle Katzen Neugeborene, junge Mütter oder Gebärende angreifen; sie hinterlassen Kratzspuren an den Wiegen, reißen das Gesicht der Mutter blutig, töten Säuglinge oder setzen sich auf deren Antlitz, damit sie das Augenlicht einbüßen, oder springen auf schwangere Frauen, damit diese das Kind verlieren. Eine Frau versichert zum Beispiel, beim Aufwachen eine Katze gespürt zu haben, die ihr die Kehle zugedrückt hätte. Die Beschuldigten selbst gestehen, diese Missetaten in Tiergestalt begangen zu haben, und beschuldigen manchmal den Teufel, Urheber ihrer Verwandlung zu sein. In Ramonchamp erklärt eine Angeschuldigte, sich durch ein Fenster in eine Meierei eingeschlichen zu haben und beim Hinausschlüpfen auf gleichem Wege

„Haare gelassen“ zu haben; zwei andere gestanden, sie hätten sich ebenfalls in Katzengestalt eingeschlichen, um ihre Feinde zu erdrosseln. Ein Hexer aus Raon erzählt, dass er sich auf Drängen des bösen Geistes in eine Katze verwandelt hätte. Der Dämon habe verlangt, dass er so Kindern Angst und Schrecken einflößen sollte. Dieser Glauben findet sich auch im Elsass, wo es die Hexen lieben, die Gestalt einer schwarzen Katze anzunehmen, und versuchen, durch Kamine und Dachluken bei ihren Nachbarn einzusteigen, um sie in ihren Betten zu erwürgen.

In Friaul herrschte jedoch die Anschauung vor, dass nur der Geist der Hexe, der sich vom Körper löst, zu einer Katze wird. So hatte Margarita de San Rocco, die 1571 in Lucca zum Tod auf dem Scheiterhaufen verurteilt wurde, gestanden, eine solche Aufspaltung vollzogen zu haben, um sich zum Sabbat zu begeben. Ihr Geist sollte aber bis zum Morgengrauen in den Körper zurückkehren, weil er sonst die Gestalt einer Katze behalten hätte und ihr Körper leblos geblieben wäre. Solche Zeugenaussagen und viele andere zeigen, dass dieser Aberglaube in Frankreich und Italien genauso existierte wie in Deutschland, wo er zuerst aufgetaucht ist.

Die weiß gefleckten Katzen der englischen Hexen

Auch in England kam es immer wieder zu Hexenprozessen, bei denen Katzen, in diesen Fällen aber keine schwarzen, sondern weiße, gefleckte Katzen, eine entscheidende Rolle spielten. Das erste große und englische Hexentribunal fand 1565 in Essex statt. Sogar der Generalstaatsanwalt von Elisabeth I. erschien persönlich auf diesem Tribunal und unterstrich damit die Wichtigkeit dieser Angelegenheit für den Staat: Die Anklage gegen Elizabeth Francis, Agnes Waterhouse und deren Tochter Joan bezog sich bezeichnenderweise auf den Besitz einer Katze. Nach den Gerichtsprotokollen lernte Elizabeth im Alter von zwölf Jahren von ihrer Großmutter die Kunst der Hexerei. Die Großmutter lehrte sie, Satan ihr Blut zu schenken, und sie übergab dieses dem Diener des Satans in Gestalt einer weißen, gefleckten Katze. Sie lehrte sie auch, die Katze bei dem Namen Satan zu rufen. Im Verlaufe der Zeit richtete sie verschiedene Befehle an dieses Tier, darunter zum Töten ihres Liebhabers und ihres eigenen Kindes. Dann gab Elizabeth die Katze an ihre Nachbarin Agnes Waterhouse weiter. Die neue Besitzerin veranlasste die Katze, nicht nur die Haustiere der anderen Nachbarn zu töten, sondern auch einen Nachbarn selbst und schließlich ihren eigenen Ehemann. Elizabeth Frances wurde zu einem Jahr Kerker verurteilt, Joan Waterhouse war Kronzeugin und wurde entlassen. Ihre Mutter aber

Abb. 15: Das Hexentrio von Lincoln (1619)

wurde für schuldig befunden, zu Tode gehext zu haben, und hingerichtet. Ein ähnliches Hexentrio (Abb. 15), Joan Flower und ihre beiden Töchter Margaret und Phillip, wurden am 11. März 1618 in Lincolne hingerichtet, die der Tötung durch ihre schändlichen Praktiken sowohl von Lord Henry Rosse als auch der Kinder des ehrenwerten Earle Francis of Rutland angeklagt waren (vgl. The Wonderful Discoverie of the Witchcrafts of Margaret and Phillip Flower, Daughters of Joan Flower neer Beuer Castle: executed at Lincolne, March 11. 1618. Printed at London 1619).

Wie in diesem Fall wurden auch in vielen anderen Prozessen einfache Frauen beschuldigt, allein durch Haltung und Besitz einer Katze Zauberkräfte auszuüben. Auf diese Weise wurden allein in Essex während einer Zeit von nur 20 Jahren 150 Hexenprozesse abgehalten. Bei einem davon, der im Jahre 1582 stattfand, wurden dreizehn Frauen angeklagt, dreiundzwanzig Menschen zu Tode gehext zu haben. Anstatt zu prüfen, ob irgendeine Krankheit den Tod dieser Einwohner verursacht hatte, wurden sie alle hingerichtet. Ein untrügliches Zeichen, das zur Verurteilung von Frauen als Hexen führte, waren die so genannten „Hexenmarkierungen“, die dadurch entstanden sein sollten, dass die Hexen ihre vertrauten Katzen mit ihrem eigenen Blut ernährten.

Da Katzen bereits im Voraus spüren, dass es wahrscheinlich regnet und stürmt und sich bei dieser Gelegenheit mit ihren Pfoten über die Ohren reiben, glaubte man, die Katze selbst löse die Wetterveränderungen aus. Der berühmteste Fall war der von Agnes Sampson. Die Begründung ihres Todesurteils lautete folgendermaßen: „Die Hexe hat die Katze mit in die Kirche genommen. Sie taufte sie und band ihr nachher mehrere Knochen eines toten Menschen um. Die Knochen hatte sie auf dem Friedhof gestohlen. Hierauf schwang sich die Hexe auf ihren Besen, nahm die Katze auf den Arm und sauste weit ins Meer hinaus. Dort ließ sie die Katze los, welche, um nicht ins Wasser zu fallen, einen entsetzlichen Sturmwind entfesselte, der sie wieder an Land zurücktragen sollte. Der Sturm bedrohte die Stadt Leith. Ein Schiff, das Juwelen und Geschenke für die Königin von Schottland mit sich führte, geriet wegen des Sturmes auf ein Riff, lief leck und sank. Später behinderte derselbe Sturm die Fahrt des Schiffes, das den König von Dänemark zu einem Besuch nach England bringen sollte. Hätte seiner Majestät Glauben nicht Oberhand über die Windsbraut gewonnen, so hätte das Schiff nie Land erreicht“ (vgl. Tabor 1996, S. 57; Damjan und Schilling 1969, S. 155).

Katzenverbrennungen

Bei diesem schlechten Ruf der Katzen war es auch nicht verwunderlich, dass Ende des 15. Jahrhunderts Papst Innozenz VIII. anordnete, dass man beim Verbrennen der Hexen deren Katzen mit verbrennen solle. Katzenverbrennungen wurden seit dieser Zeit zu einem festen Bestandteil von religiösen Feierlichkeiten, auch von denjenigen, die gegen den Papst gerichtet waren. So wird überliefert, dass während der Krönungsfeierlichkeiten für Elisabeth I. ein großer Korb durch die Straßen getragen wurde, der mit Katzen gefüllt war und außen das Bild des Papstes trug. Dieser Korb wurde öffentlich verbrannt, und die Schreie der Katzen wurden als diejenigen des Teufels im Körper des Papstes gedeutet. Aber auch während der Regierungszeit von Elisabeths katholischem Vorgänger wurde eine Katze auf ähnliche Weise gequält, diesmal als Tier, das untergründige Beziehungen zu den Puritanern gepflegt haben soll. Die arme Katze wurde öffentlich gehängt und hernach feierlich dem Bischof von London überreicht, zum Zeichen des Sieges der Katholiken über die „verteufelten“ Puritaner (vgl. Damjan und Schilling 1969, S. 154).

In vielen Gegenden Frankreichs war es Tradition, in der Nacht des Johannisfeuers lebende Katzen als Brandopfer in das Feuer zu werfen. In Aix, in der Provence, wurde beim Fronleichnamsfest der schönste Kater, der in

Abb. 16: Katzenquälereien (nach einem Kupferschnitt von Hogarth, 18. Jh.)

der Umgebung aufzutreiben war, wie ein Säugling gewickelt und in einem kostbaren Schrein zur öffentlichen Andacht ausgestellt. Vor ihm beugte sich jedes Knie, tausend Hände streuten Blumen und verbreiteten Weihrauch. Der Kater wurde als Gott des Tages mit Ehrenbezeugungen überschüttet. Aber bereits am darauf folgenden Fest des St. Johannes erfuhr sein Geschick eine traurige Wende. Eine Anzahl Katzen wurden mit ihm in einen

Weidenkorb gesperrt und auf einen Scheiterhaufen geworfen, der vom Bischof und seinen Priestern unter vielen Zeremonien in Brand gesteckt wurde. Dann durchzog man, von einer großen Volksmenge gefolgt, Psalmen singend die Straßen.

Der langjährige Sekretär der Pariser Akademie der Wissenschaften de Fontenelle erzählte, dass man ihn im Glauben erzogen habe, am Vorabend St. Johannis bliebe nicht eine einzige Katze in der Stadt, weil sie an diesem Tage sich zum Hexensabbat begeben müssten. Das entsetzliche Ritual der Katzenverbrennung hinterließ sogar im Nationalarchiv von Frankreich seine Spuren. Dort befindet sich eine Quittung mit folgendem Inhalt: „An Lucas Pommerieux, von Beruf Wächter der Flussufer, wurden 100 Pariser Franc gezahlt, da er zum Johannistag 1573 alle erforderlichen Katzen für die üblichen Feuer geliefert hat und außerdem große Jutesäcke, um die Katzen hineinzustecken" (vgl. Amodeo 1992, S. 47).

Das Ende der Katzenverbrennungen in Frankreich im Jahre 1604 lässt sich auf den kindlichen Wunsch des Dauphin, des späteren Königs Ludwig XIII., zurückführen. Das Tagebuch des Arztes Héroard enthält folgende Bemerkung: „Donnerstag, 24., Saint-Germain. – Den Dauphin zum König geführt, der ihn zur Königin bringt, er erwirkt Gnade für die Katzen, die man auf den Scheiterhaufen des hl. Johann werfen wollte." Die Fürsorge eines so kleinen Kindes für die unglücklichen Tiere – der Dauphin war damals nicht älter als drei Jahre – könnte man in Zweifel ziehen und zu den Aussprüchen zählen, welche die Höflinge für gewöhnlich den Prinzen zuschreiben, doch findet man im Tagebuch des Arztes

Abb.17: Vertrocknete Katze mit Ratten aus einem Haus in Southwark (vermutlich 17. oder 18. Jh., aus Zeuner 1967)

Héroard wiederholt Beweise für die edle Empfindsamkeit des kleinen Knaben, bei denen der Arzt an den Rand seines Buches den Vermerk anbringt: „menschlich“. Andererseits gibt es in demselben Tagebuch folgende widersprüchliche Notiz: „Dienstag, 16., Paris – den Dauphin zur Pré-aux-Clercs gebracht, um dort zu Pferd eine Katze zu jagen.“ Der Mangel an Details in dieser Notiz lässt vermuten, dass man von einem bestimmten Ort aus eine Katze freiließ, die ein Pferd herangaloppieren hörte, worauf sie in heller Verzweiflung die Flucht ergriff. Auf diese Art wurde ohne Zweifel der Dauphin für die Jagd vorbereitet (vgl. Champfleury 1869, S. 295).

Außerhalb von Frankreich gingen jedoch die Katzenverbrennungen munter weiter. In Lüttich warf man lebende Katzen in diese Freudenfeuer, in der belgischen Stadt Ypern wurden in der Johannisnacht Katzen von Wachtürmen geworfen. Dieser Brauch wurde 1618 per Gesetz verboten, lebte jedoch später von Zeit zu Zeit wieder auf. Auch in Korte-Meers überlebte dieser Brauch, der dazu diente, dem Freya-Kult (vgl. Amodeo 1992, S. 48) öffentlich abzuschwören, weitaus länger. Er wurde nach einigen Unterbrechungen im Jahr 1847 mit großem Aufwand und einer Kostümgala wieder eingeführt und bis heute fortgesetzt, doch setzte sich nach und nach der gesunde Menschenverstand durch und es werden heutzutage nur noch Stoffkatzen vom Turm geworfen.

Die eingemauerten Katzen

Eine besondere Art, die Katzen als Ratten- und Mäusefänger zu verewigen, bestand darin, dass man sie in die Wände und Fußböden der Wohnhäuser und anderer Gebäude einmauerte. Im Gegensatz zu den einbalsamierten und mumifiziert bestatteten Katzen Ägyptens, die aus religiösen Gründen auf diese Weise ausgezeichnet wurden, sind diese Katzenmumien oder, richtiger gesagt, ausgetrockneten Katzen durch Unfälle zustande gekommen oder aber aus abergläubischen Vorstellungen eingemauert worden. Meist werden vertrocknete Katzen in den Wänden oder unter den Fußböden alter Gebäude gefunden.

Sogar im Tower von London fand sich in einem Raum aus dem 17. Jahrhundert eine solche Katze, die sich vermutlich zu weit in die Spalten des alten Gemäuers vorgewagt hatte. Andere Katzen, oft mit Ratten oder Vögeln im Maul, wie das Exemplar aus Southwark (Abb. 17), wurden als Gruppe zusammengestellt, um Ratten und Mäuse fernzuhalten. In diesem Fall müssen die Tiere vor dem Einmauern getrocknet und irgendwie präpariert worden sein.

Eine etwas jüngere Trockenkatze stammt aus der Christchurch Cathedral in Dublin. Das Tier wurde hinter der alten Orgel zusammen mit einer Maus gefunden. Nachdem diese Orgel im Jahr 1698 eingebaut wurde, kann die Katze erst nach diesem Datum dorthin gekommen sein. In einem etwa 200 Yards von der Kathedrale entfernten Haus aus dem Jahr 1786 fand sich eine Katze in einer Zwischenwand. Auch später noch wurden Katzen eingemauert. Howard (1951) berichtet über einen solchen Fall aus Värmland in Mittelschweden, wo 1920 noch eine Katze unter den Stufen der Haustür eingegraben wurde. Aus diesem Beispiel und anderen mehr sieht man, dass der Brauch sich nicht auf Britannien beschränkte. Im Museum von Gibraltar sah Zeuner eine getrocknete Katze, die mit weit offenem Maul und in Laufstellung festgehalten war. Eine weitere Katze war in einer Zwischenwand eingemauert worden, ein Brauch, den spanische Maurer für glückbringend halten.

Diese eingemauerten Katzen waren auch das Vorbild für eine der grauenvollsten Geschichten von Edgar Allan Poe, die den Titel >Der schwarze Kater< trägt. Sie handelt von einem hoffnungslosen Säufer, der im betrunkenen Zustand seine Frau erschlagen hatte. Diese Frau besaß einen schwarzen Kater, den sie sehr liebte, der aber von ihrem Mann ebenso sehr gehasst wie gefürchtet wurde. Nachdem er seine erschlagene Frau in die Wand des Kellers seines Hauses eingemauert hatte, war auch der Kater plötzlich spurlos verschwunden. Am vierten Tag nach dem Mord durchsuchte die Polizei das Haus. Der Mörder, der sich absolut sicher fühlte, klopfte aus purer Prahlerei mit einem Stock, den er in der Hand hielt, heftig gerade gegen den Teil der Mauer, hinter dem der Leichnam seiner Frau verborgen war. Kaum war der Nachklang der Schläge in der Stille verhallt, als eine Stimme aus dem Innern des hinter der Mauer versteckten Grabes antwortete: „Es war ein Geschrei, anfangs gebrochen und halb erstickt, wie das Schluchzen eines Kindes, ein Geschrei, das dann zu einem langen, anhaltenden Laut anschwoll, der übernatürlich und unmenschlich klang, ein Geheul, ein kreischendes Wehklagen, in dem sich Schreck und Frohlocken zu mischen schienen, wie es sich nur den Kehlen der Verdammten in ihren Qualen und der Brust triumphierender Teufel entringen kann". „Es wäre unnütz", lässt Poe den Mörder weitererzählen, „von meinen Empfindungen sprechen zu wollen. Einer Ohnmacht nahe taumelte ich gegen die Rückwand des Kellers. Einen Augenblick standen die Polizisten im Übermaß des Entsetzens und Grauens regungslos und starr, im nächsten jedoch arbeiteten bereits ein Dutzend kräftige Arme an der Mauer. Sie war bald niedergerissen, und der schon stark in Verwesung übergegangene, mit geronnenem Blut bedeckte Leichnam meiner Frau stand aufrecht vor ihren Augen da. Auf dem Kopf, mit aufgerissenem rotem Maul und seinem einzigen glühenden Auge, hockte das scheußliche Tier, dessen Gebaren mich zum Morde verleitet hatte und dessen verräterische Stimme mich jetzt dem Henker überlieferte. Ich hatte das Ungeheuer mit in das Grab eingemauert“ (Poe 1969, Bd.1, S. 25).

Die Katze, das Alter und der Tod

Nur langsam gingen am Beginn der Neuzeit die Katzenverfolgungen zurück. Zuerst eroberte die Katze sich das Vertrauen und die Liebe jener Menschen, die sich hauptsächlich selbst im Hause aufhielten: Frauen, Kinder und Greise. Doch hatte sie auch hier noch den Ruf, unheimliche Eigenschaften zu besitzen, wie etwa ein Vorwissen über Krankheit und Tod des Menschen. Im 16. Jahrhundert berichtet der große Gelehrte Geronimo Cardano, dass sein Vater mit achtzig Jahren „einen Kater aufzog und im Hause hielt, ganz wie es fast alle Greise mit Vergnügen tun“. Er erzählt auch vom Tod seines Vaters: Seine Lieblingskatze habe sich auf die Hinterbeine gestellt und ihre Pfoten auf die Verkleidung des Bettes gelegt, um ihren Herrn in den Qualen des Todeskampfes zu betrachten. Dann habe sie fürchterlich miaut und sei auf Nimmerwiedersehen verschwunden.

Dieser Geschichte, die Cardano selbst erlebt hatte, fügte er eine Anekdote bei, die man ihm erzählt hatte: Ein Fleischer zog gegen den Willen seiner Frau ein kleines räudiges Kätzchen auf, das diese abstoßend fand. Das Kätzchen schlief im Bett zwischen den Eheleuten und schlug seine Krallen manchmal in die Brust der Frau, zog sie aber sofort ein, wenn diese protestierte. Eines Tages aber strich es mit der weichen Seite des Pfötchens über die Haut der Frau. Diese war überrascht von dem ungewöhnlichen Verhalten und rief, diese Katze müsse eine menschliche Seele haben. Im Übrigen gab das Tier andere Proben seiner Intelligenz und kletterte stets die Leiter herab, um dem Meister entgegenzugehen. Wenig später erkrankte die Frau und starb. Die Katze wurde trotz intensiver Suche nie wieder gesehen. Für Cardano gab es eine Verbindung zwischen dem Tod der Frau und dem Verhalten des Tieres. Er brachte mehrere Hypothesen vor: Es gebe bei Tieren wie bei Menschen Individuen mit besonderen Gaben; die Haustiere seien vielleicht zufällig nach dem Tod ihres Herrn auch gestorben; schließlich könnten die Tiere vom Himmel mit ein wenig göttlichem Urteilsvermögen versehen worden sein. Cardanos Bericht offenbart auf jeden Fall, dass man der Katze allgemein unterstellte, sie habe ein Vorwissen über den Tod (Cardano 1558; vgl. Bobis 2001, S. 168 f.).

9. Der Aufstieg der Katze in der Neuzeit

Der direkte Anlass für die neue Wertschätzung der Katze, die mit einem Schlag ihre Verfolgung in Europa beendete, dürfte das Eindringen der Wanderratte aus Zentralasien gewesen sein. Diese Wanderratte war größer, aggressiver und intelligenter als die bereits in Europa weit verbreitete Hausratte. Mit ihr kam auch wieder der Schwarze Tod über die Bevölkerung Europas. 1707 brach die Pest in Deutschland aus und 1720 in Frankreich. Um 1730 hatten Schiffsratten die Pest auch nach England gebracht. In der Französischen Revolution kümmerte man sich zunächst nicht um dieses Problem. Erst im Jahre 1797 begann das Direktorium sich über diesen ganz neuartigen Feind Gedanken zu machen. Zwei Jahre später wurden die ersten Fälle von Pest im ägyptischen Expeditionskorps bekannt. Napoleon Bonaparte, der nur Abscheu und Verachtung für die Katzen empfand und der später auf Sankt Helena in seinen Memoiren beschrieben hat, wie sehr die „riesigen, bösartigen und aufdringlichen Ratten“ fähig waren, seine Ruhe zu stören, hielt sich an die Gelehrten, um mit chemischen Waffen gegen die Ratten vorzugehen. Aber die verschiedenen Arten von Gift erwiesen sich nur allzu oft als tödlich für den Menschen und auch die kompliziertesten Fallen verfehlten ihren Zweck. So blieb nichts anderes übrig, als auf die Katzen zurückzugreifen. Die Veröffentlichung der möglichen Anzahl der vernichteten Nagetiere durch eine einzige Katze zeigte, wie sinnvoll ihr Einsatz war. Der Rekord lag bei 7000 Mäusen oder ungefähr 3500 Ratten im Laufe eines Jahres. Aber die Wanderratten kannten kein Hindernis. Begünstigt durch das nachfolgende Durcheinander der Revolutionen und Kriege, das ihnen ein weites Feld überließ, konnten sie sich in jeder Ecke, in jedem Kanal einnisten und durch dicke und dünne Mauern ihre Gänge graben, durch die sie sich kilometerweit fortbewegten.

Die graue Wanderratte war und ist bis heute der Feind des Menschen nicht nur als unersättlicher Vertilger seiner Nahrungsmittel, sondern auch als der große Verbreiter von Typhus, Pest und Trichinose, die durch ihre Läuse und Flöhe auf den Menschen übertragen werden. Obwohl das gesamte Katzenvolk nicht fähig war, die viele Millionen von Ratten auszurotten, kam die Katze durch die neuen Erkenntnisse von Pasteur über die wahren Krankheitserreger, die Mikroben, über ihre Fähigkeiten als Rattenvertilgerin und allen sonstigen nützlichen Eigenschaften hinaus zu einer privilegierten Stellung unter den Haustieren. Die Schlussfolgerung liegt auf der Hand. Wenn die Mikrobe in der Mehrheit der Fälle mit Unsauberkeit, Mangel an Hygiene und Schmutz in Verbindung gebracht wird, so folgt daraus, dass man so wenig wie möglich mit den Tieren in Berührung kommen darf, die sich doch alle niemals waschen und niemals säubern. Aus einer derartigen Überlegung entstand ganz plötzlich eine Angst vor Tieren. Man wagte es weder ein Pferd noch einen Hund zu streicheln, ohne sich mit Handschuhen zu schützen, noch sich dem saubersten Lamm oder der weißesten Turteltaube zu nähern. Die Katze dagegen ist das einzige uns bekannte Haustier, das ganze Tage damit verbringt, sich abzulecken und sich mit löblicher Sorgfalt zu säubern. Wenn es überhaupt ein Tier gab, das man bei sich dulden und ohne Angst streicheln konnte, dann war es gerade die Katze, der angeborene Feind aller Ratten, aller Mäuse und bösartigen Nager, die Tod und Elend verbreiten.

Und so geschah es, dass Männer, Frauen und Kinder, die auf den vertrauten Umgang mit Tieren verzichten mussten, ihre Türen weit der Katze öffneten und ihre von den Vorfahren überlieferte Fähigkeit anerkannten, die ihr von allem Anfang an die Dankbarkeit des Menschen eingebracht hatte. Während eines halben Jahrhunderts konnte der Doktor Loir, der Schwiegersohn Pasteurs, in seiner Funktion als Hafenarzt von Le Havre die Dienste würdigen, welche die Katzen an Bord der Schiffe geleistet hatten. Er beschäftigte sich mit einer neuen Art der Züchtung von sehr spezialisierten Katzen und bemühte sich, die alten Vorurteile aus dem Weg zu räumen. Schon damals konnte er nachweisen, dass ein guter Rattentöter nicht notwendigerweise eine ausgehungerte Katze sein muss. Die instinktive Feindschaft der Katzen den Ratten gegenüber hängt vielmehr mit dem Spiel- und Tötungstrieb zusammen. Die Katze als Rattentöter jagt und tötet auch zum Vergnügen „und viele unter ihnen sind stolz oder ganz einfach glücklich, wenn sie ihrem Herrn als Zeichen der Unterwerfung, der Mitarbeit oder der Freundschaft die Leichen ihrer Opfer zu Füßen legen können“ (Mery 1966, S. 59).

In dieser für die Menschen so bedrängten Situation begann der grandiose Aufstieg der Katze als Helfer und Retter der Menschheit. Vorbereitet wurde er allerdings schon viel früher in den Kirchen und Klöstern.

Kirchen- und Klosterkatzen

Der irische Heilige St. Patrick zum Beispiel soll, als er die Schlangen aus Irland austrieb, von einer Katze begleitet gewesen sein; und die meisten irischen Missionare und Gelehrten nahmen auf ihre Fahrten Katzen mit. Im

>Book of Kells<, dem großen irischen Kodex des Mittelalters, sind viele dieser Predigerkatzen abgebildet. Überhaupt waren Kirche und Klerus den Katzen erstaunlich freundlich gesinnt, wenn man bedenkt, dass der Volksglaube die Katzen mit Teufeln und Hexen identifizierte. Fast jede anglikanische Kirche besaß seit früher Zeit eine Kirchenkatze, welche die Pflicht hatte, Mäuse zu fangen, und dafür von den Priestern und Kirchgängern gut umsorgt wurde. Winnie, die Katze von St. Pauls Cathedral, hielt sich vor allem in der Krypta bei den Gräbern hervorragender Männer auf; und dort wurde sie auch begraben. Die berühmte Kirchenkatze von St. Mary Redcliffe schlief oft in der Kanzel und soll es ab und zu sogar gewagt haben, während der Predigt zu Füßen des Predigers gemütlich zu schnurren. Sie wurde auf dem Friedhof beigesetzt und erhielt einen kleinen Grabstein mit der Inschrift: „Die Kirchenkatze 1912–1927“. Damit die Kirchenkatze zu jeder Tages- und Nachtzeit Zugang zur Kirche hat, besitzen die meisten Kirchenportale unten eine kleine Öffnung von etwa 20 cm Weite als Durchschlupf. Die Erfindung solcher Katzentürchen soll von keinem Geringeren als dem Entdecker des Gravitationsgesetzes Isaac Newton stammen. Eine vielleicht nicht wahre, aber immer wieder hartnäckig wiederholte Geschichte besagt nämlich, dass der große Physiker für seine Katze unten in seine Haustür ein Loch sägte und ein weiteres kleineres direkt daneben anbrachte, als die Katze Junge bekam (vgl. Hendrickson 1990, S. 199).

Ebenso gern gesehen wie in den Kirchen waren die Katzen auch in den Klöstern. Eine besonders kluge Katze, weiß der schon zitierte Katzenverteidiger Reichenbach zu berichten, wurde sogar als Mitbruder am Mittagstisch aufgenommen: „In einem Mönchskloster lebte eine Katze, deren fetter Wanst der Küche alle Ehre machte, wo man sie jedoch niemals sah. Eines Tags stellte der Koch, der das Mittagessen für die Mönche zurechtgesetzt hatte, fest, dass ihm eine Portion fehlte; er glaubte also, dass er sich verrechnet habe, und beeilte sich, die nötige Anzahl wieder voll zu machen. Am andern Tage findet er wieder eine Portion zu wenig. Diesmal kommt ihm sein Versehen noch seltsamer vor; er nimmt sich vor, in Zukunft besser aufzupassen. Er stellt daher am darauf folgenden Tag seine Schüsseln mit der größten Aufmerksamkeit zusammen und zählt sie immer wieder, bis er sicher ist, dass keine fehlt. In diesem Augenblicke läutet die Glocke der Pforte. Er läuft hin, um aufzumachen, sieht aber niemand, kehrt zurück und verwünscht die Glocke samt den Klingelnden. Beständig mit seinen Portionen beschäftigt, überblickt er sie von neuem, und obwohl niemand als er in der Küche war – ihre Zahl ist um eine verringert. Als am nächsten Tag das Gleiche passiert und wieder eine Portion verschwindet, legt er sich auf die Lauer. Zur gewöhnlichen Stunde hört er es wieder klingeln; anstatt aber nach der Pforte zu laufen, versteckt er sich in eine Ecke und sieht die Katze des Klosters durchs Fenster hereinsteigen, mit einer bewundernswürdigen Geschwindigkeit auf den Esstisch springen, eine Portion wegholen und gleich auf dem gleichen Weg wieder verschwinden. Nun blieb noch die Frage offen, wer der Klingelnde war. Also versteckte sich der Koch hinter einem nahe befindlichen Fenster und sah die Katze mit den Pfoten an die Glocke schlagen und augenblicklich nach dem Küchenfester zulaufen. Da die Mönche an einer so lustigen Begebenheit viel Vergnügen hatten, beschlossen sie einstimmig, dass man in Zukunft zu der gewöhnlichen Anzahl von Portionen noch eine hinzufügen sollte. Die Katze setzte ihr Kunststück fort und wurde von dieser Zeit an als ein Mitbruder betrachtet“ (vgl. Reichenbach 1855, S. 283 f.).

Schiffskatzen

Besonders gefährlich war die Rattenplage auf den Schiffen. Wenn die Lebensmittelvorräte von Ratten und Mäusen aufgefressen wurden, drohte der Besatzung der Hungertod. Deshalb wurden als das einzig wirksame Mittel zur Bekämpfung der Nagetiere eigene Schiffskatzen mitgeführt. Seit dem 15. Jahrhundert gab es sogar gesetzliche Regelungen, die vorsahen, dass der Schiffseigner im Falle der Zerstörung seiner Ware durch Ratten nur dann eine Entschädigung erhalten würde, wenn er nicht vergessen hatte, Katzen an Bord zu nehmen. Wenn ihm die Tiere allerdings auf der Reise starben, ging er der Versicherung nicht verlustig (vgl. The Black Book of Admiralty III, S. 98 ff.). Gemäß den Statuten des schottischen Königs Alexander II. konnte der Eigentümer eines gestrandeten Schiffes das Schiff selbst und die Ladung nur dann für sich einfordern, wenn man an Bord einen Mann, einen Hund oder eine Katze lebend gefunden hatte.

Dementsprechend gab es bei allen Seefahrernationen eine Reihe von Anekdoten, die sich auf solche Schiffskatzen bezogen. Eine davon handelt von dem berühmten Admiral Nelson, der es sich sein ganzes Leben lang nie nehmen ließ, persönlich für seine Schiffskatze Sorge zu tragen. Diese Katzenliebe war sogar der Grund, dass seine erste Ehe geschieden wurde. Die Frau verübelte es ihm nämlich, dass er bei rauer See öfters in der Nacht aufstand, um das verängstigte Tier zu trösten. Später, kurz vor der Schlacht von Trafalgar geriet Nelsons Flotte vor der französischen Küste in einen Orkan und das Admiralsschiff lief auf einen Felsen auf. 73 Mann gingen bei diesem Aufprall über Bord. Die meisten von ihnen versuchten schwimmend das nahe Ufer zu erreichen. Nelson blieb mit einigen tapferen Seeleuten an

Bord, obwohl das Schiff jeden Augenblick auseinander zu brechen drohte. Am Morgen tauchte eine Fregatte auf, der es trotz des Unwetters gelang, sich an das gestrandete Schiff heranzuarbeiten. Nelson, der als Letzter vom Wrack ging, erkundigte sich, ob noch jemand fehlte. Als ein Offizier antwortete, dass die Katze nicht da sei, ging Nelson sofort wieder an Deck zum Ruderhaus zurück, holte das zitternde Kätzchen und verließ erst dann das Schiff.

Eine ähnliche Geschichte berichtet der bereits erwähnte französische Katzenbuchautor Champfleury: „Vor zwei Jahren stach ein Handelsschiff mit schwerer Ladung und dem Bestimmungshafen Lissabon von Saint-Servan aus in See. Im Laufe der Nacht geriet es in dichten Nebel und wurde von einem anderen Schiff so schwer gerammt, dass die ganze Besatzung gezwungen war, sich an Bord eines englischen Schiffes zu retten, das gerade in diesen Gewässern kreuzte. Der schiffbrüchige Kapitän beobachtete traurig, wie sein verlassenes Schiff hinter der Horizontlinie verschwand. Plötzlich schreit er auf: 'Wo ist unser kleiner Neuling Michel?' Er ruft vergeblich nach ihm. Der Kleine ist an Bord geblieben. Auf der unendlichen Weite des Ozeans keine Spur mehr von dem Schiff. Es ist gesunken. Der Junge ist tot. Jedoch der Junge war noch am Leben. Im Augenblick des Zusammenstoßes war er mit Manövern am Bug des Schiffes beschäftigt. Als er seine Arbeit beendet hatte, begab er sich nach Backbord und musste feststellen, dass das englische Schiff die ganze Besatzung bereits aufgenommen hatte. Der Schiffsjunge will sich bemerkbar machen und schreit. Aber seine Schreie verlieren sich im Tosen des aufgewühlten Meeres. Der Junge ist allein auf einem Schiff, in das von allen Seiten das Wasser eindringt. Michel schluchzt. Das Wasser steigt immer mehr. Der Tag bricht an, der Junge erblickt ein Segel in der Ferne, in weiter Ferne! Er hisst die Notflagge. Das Segel verschwindet wieder. Michel kehrt an die Pumpe zurück. Gegen Mittag zeichnet sich am Horizont ein neues Schiff ab, aber genau wie das andere bemerkt es nichts und fährt vorbei. In diesem Augenblick kommen die beiden Schiffskatzen und umschmeicheln die Beine des Schiffsjungen. Michel teilt mit ihnen seine Vorräte an Brot und Schinken. Und jetzt wieder ans Werk! An die Pumpe! An die Signale! Dieses Hin und Her von Kampfesmut, Hoffnung und Verzweiflung dauerte drei Tage. Die Vorräte schrumpften und jeden Tag zur selben Stunde erschienen die Katzen, die einzigen Gefährten des Schiffsjungen, um ihren mageren Anteil zu fordern. Glücklicherweise fuhr eine amerikanische Brigg vorbei und bemerkte Michel am Bug des Schiffes, das nahe am Sinken war. Der Junge wurde gerettet, wollte aber das Schiff nicht ohne seine Katzen verlassen. Drei Monate später erreichte er den Hafen von Saint-Servan. Eine ungeheure Menge klatschte der Rückkehr des Schiffsjungen Beifall, der auf seinen Armen triumphierend die beiden Katzen der Besatzung trug" (Champfleury 1869, S. 124 ff.; übers. v.W. Oeser).

Absolut unentbehrlich waren die Katzen zur Zeit der Entdeckungsfahrten. Es wäre ein lebensgefährliches Unternehmen gewesen, die Fahrt über den Atlantik oder in die Südsee ohne einige Katzen zu wagen. Die Überfahrt konnte Wochen und Monate dauern, und wenn sich in dieser Zeit Ratten und Mäuse über die Vorräte hätten hermachen können, wäre die Expedition total gescheitert. Auf diese Weise kamen europäische Katzen auf alle neu entdeckten Kontinente und auf zahllose Inseln rund um die Welt. Dort wo es bereits Katzen gab, wie in Amerika in der vorkolumbianischen Zeit, vermischten sich die von Bord gegangenen Schiffskatzen problemlos mit ihren dort wild lebenden heimischen Artgenossen. Der englische Naturforscher Bewick berichtet in seiner >History of Quadrupeds<, dass, als Columbus Amerika entdeckte, die Eingeborenen ihm eine solche wilde Katze als Geschenk überbrachten, die „von gewöhnlicher Größe und bräunlich grauer Farbe war und einen langen Schwanz besaß" (Bewick 1811, S. 229).

Der berühmteste Weltumsegler des 18. Jahrhunderts, Kapitän James Cook, führte ebenfalls Katzen an Bord seiner Schiffe mit und machte sie erst mit den Eingeborenen der Südseeinseln vertraut. So schreibt er in seinem Tagebuch: „Auf der pazifischen Insel Tonga waren die Einwohner von unseren Katzen recht begeistert, sie stahlen sie. Zwei oder drei dieser Diebe wurden mehr als einmal deshalb an Bord der Discovery ausgepeitscht." Aus Tahiti berichtete er über Katzen von einem spanischen Schiff, das 1774, also drei Jahre zuvor, angelaufen war, „dass die Katzen bereits verwildert waren, sich in die Berge zurückgezogen hatten" (Cook zit. nach Tabor 1996, S. 87 f.).

Eine der Schiffskatzen, die solche Entdeckungsfahrten mitmachten, erreichte sogar die Antarktis. Es war der Schiffskater des unglücklichen Kapitän Scott, der auf dem Rückmarsch vom Südpol ums Leben kam. Einer seiner Gefährten auf diesem Todesmarsch, Edward Wilson, der ebenfalls vor Hunger und Kälte zu Grunde ging, hatte noch zuvor über die große Zuneigung berichtet, welche die gesamte Mannschaft dem Kater, der an Bord des Schiffes überwinterte, entgegenbrachte: „Er hat seine eigene Hängematte bei den Seeleuten unter dem Vorschiff. Eine echte Matrosenhängematte mit kleinen Decken und einem hübschen Kissen darauf, darüber Decken zum Zudecken. Er hat gelernt, in diese Hängematte zu springen und unter die Decken zu kriechen, mit seinem Kopf auf dem kleinen Kissen" (Wilson zit. nach Tabor 1996, S. 88).

Auch die Auswandererschiffe, die von Europa nach Amerika gingen, hatten Schiffskatzen an Bord. Nachgewiesen sind sie vor allem für die berühmte Fahrt der Mayflower, die im Jahre 1620 die Pilgerväter und mit ihnen die Vorväter der heutigen amerikanischen Katzenbevölkerung von England nach Amerika brachte. Seitdem lebten auf amerikanischen Schiffen die seetüchtigsten Katzen. Von ihrer Klugheit und Anhänglichkeit gibt es geradezu unglaubliche Berichte: „Sie gehen zwar immer und überall, wo das Schiff anlegt, an Land, sie besitzen aber einen sechsten Sinn, um zu merken, wenn das Schiff sich wieder zur Reise fertig macht. Sie genießen jeden Landurlaub wie richtige Seeleute, durchstreifen die Lagerschuppen und die etwas berüchtigten Gassen, dringen in schlecht beleumdete Kneipen vor und sind unter Umständen sehr vergnügungssüchtig; sie fühlen sich in jeder Stadt der Welt gleich wohl. Sobald aber ihr Schiff weiterfährt, sind sie wieder an Bord, ohne dass man sie gerufen hätte. Sie kennen genau den Klang der Sirene ihres Schiffes und übersehen die auf baldige Abfahrt hindeutenden Vorbereitungen nicht. Und wenn sie trotzdem einmal ihr Schiff verpassen, versuchen sie mit allen Mitteln es doch noch, wenn möglich im nächsten Hafen, zu erreichen. Minnie zum Beispiel, die Schiffskatze des Dampfers St. George, reiste ihrem Schiff um die halbe Welt nach. Dabei hatte sie nicht einmal die Abfahrt versäumt, sondern sie war gewissermaßen entlassen worden. Sie hatte allzu oft Wochenstuben an Bord gehabt und sich dadurch unbeliebt gemacht. Ein Matrose musste Minnie in New York an der Kreuzung Broadway/72. Straße aussetzen. Er wünschte ihr alles Gute und empfahl sich auf Nimmerwiedersehen. In derselben Nacht noch stach der Dampfer – natürlich mit einer neuen Katze versehen – in See. Sechs Monate später betrat Minnie in Singapur wieder die St. George, wie wenn sie diese erst vor einigen Stunden verlassen hätte. Sie war ihrem Stammschiff nachgereist, über Bermuda, Kapstadt und Hongkong, wobei sie in jedem dieser Häfen das Schiff gewechselt hatte" (vgl. Damjan u. Schilling 1969, S. 242).

Postkatzen

Schon im vorletzten Jahrhundert erkannte die englische Postverwaltung den Nutzen der Katzen. In den meisten Postbüros des Landes wurden Katzen gehalten, welche die Mäuse verjagen und daran hindern mussten, in den Postsäcken zu nisten. Das Problem des Gehaltes für diese Katzen gab regelmäßig Anlass zu Verhandlungen mit dem Oberpostmeister. In den Archiven des Hauptpostamtes von London findet man z. B. einen Antwortbrief an einen Postkatzen-Halter namens Jackson, welcher drei Katzen hielt und für diese wegen der steigenden Lebenskosten eine Erhöhung des Wochensalärs von einem auf zwei Shilling verlangte: „Mr. Jackson! Drei Katzen sind probeweise zugelassen. Sie müssen aber eine Aufnahmeprüfung bestehen und sollten nach Meinung des Amtes weiblichen Geschlechts sein. Es ist wichtig, dass die Katzen nicht überfüttert werden, und deshalb können wir nicht mehr als 1 S. Wochengehalt für ihren Unterhalt bewilligen. Der Hauptteil der Einkünfte der Katzen müssen die Mäuse sein, und wenn innerhalb von sechs Monaten die Zahl der Mäuse nicht zurückgeht, so ist die Auszahlung der Besoldung zu sistieren. Wäre es möglich, von Zeit zu Zeit eine Statistik über die Zahl der vertilgten Mäuse zusammenzustellen?“ (unterzeichnet vom Oberpostmeister, 23. Sept. 1868).

Auch in den Vereinigten Staaten von Amerika beschäftigte man Postkatzen. Zu Beginn des letzten Jahrhunderts waren 300 Katzen bei 50 Postämtern registriert. Sie hatten Postsachen, auf die es die Ratten abgesehen haben könnten, zu bewachen. Jeder Postmeister erhielt damals 8 bis 40 Dollar im Jahr für diese beamteten Katzen und er musste alle drei Monate einen Bericht über die Tätigkeit und eine Einschätzung der Bedürfnisse der Tiere nach Washington einsenden.

Theaterkatzen

Die meisten deutschen Theater besaßen bis ins 20. Jahrhundert hinein Katzen, die Kulissen und Kostüme vor den Mäusen schützen sollten. Immer wieder haben diese Theaterkatzen aber auch das Bedürfnis verspürt, aus den unteren und hinteren Zonen heraufzusteigen und ins Licht der Bretter, die die Welt bedeuten, zu treten. Es war bei einer Aufführung von Johann Strauß’ Operette >Die Fledermaus< in Leipzig, als während der Textpassage „Mein ganzes kleines Vogelhaus, das ist ganz nahe hier“ die Theaterkatze mit mächtigem Sprung aus der Kulisse direkt vor den Sänger setzte, so dass dieser, erschrocken und aus dem Konzept gebracht, nur noch mit aufgerissenem Munde dastand und keinen Ton mehr herausbrachte. Unter Applaus auf offener Szene enteilte die Katze in den Souffleurkasten.

Großen Erfolg hatte auch immer der schwarze Kater des Königlichen Theaters Berlin, wenn er auftrat. Er schätzte es besonders, Bühnentote – seien es Erstochene, Erschossene oder Vergiftete – zu beschnuppern oder gar erhobenen Schwanzes auf den „Leichen“ herumzuspazieren, was die „Gestorbenen“ oft zwang, aus der Rolle zu fallen und unfreiwillig ins Leben zurückzukehren. Besonders effektvoll hatte der Kater einmal in Lessings Trauerspiel >Emilia Galotti< mitgewirkt. Odoardo Galotti sprach gerade seinen Monolog; beim Vers „Wer lacht da? Bei Gott, ich glaub', ich war es selbst" erschien der Theaterkater auf der Bühne. Von hinten ging er auf Galotti zu und rieb sich freundschaftlich an dessen Stiefeln. Der Schauspieler versuchte, das Tier wegzudrängen, mit dem Erfolg, dass der Kater einen schönen Buckel machte und gar vernehmlich zu schnurren begann. Galotti sah sich schließlich zu einer Zwischenbemerkung veranlasst, die nicht in seinem Text stand: „Verdammtes Biest, mach', dass du fortkommst", was das sehr freundlich aufgelegte und anhängliche „Biest" aber nur wenig beeindruckte. Endlich kamen des Dichters Worte dem Schauspieler zu Hilfe: „Grässlich, fort, fort!", ruft in dem Monolog Galotti sich selber zu. Diesmal schleuderte der Schauspieler diese Worte mit entsetzlich drohender Stimme dem Kater zu und stampfte dazu mit den Füßen ganz fürchterlich auf, so dass das Tier erschrak und mit großen Sprüngen entwich (vgl. Damjan u. Schilling 1969, S. 135 f.).

Fabrikkatzen

Eine der berühmtesten unter den fest angestellten Katzen Amerikas hieß ebenfalls Minnie, wie die bereits erwähnte Schiffskatze. Diese Minnie war bei der Standard Oil beschäftigt. Der Präsident der Kompanie wurde auf sie aufmerksam, als er einmal bei der Durchsicht der Listen der fest Besoldeten auf einen Angestellten stieß, bei dem eingetragen war: „Arbeitszeit: 24 Std. am Tag, 7 Tage in der Woche, keine Ferien. Lohn 3 Dollar 20 im Monat." Der Präsident war entsetzt und ließ den Fall sofort untersuchen. Es stellte sich heraus, dass dieser fleißigste und bescheidenste Angestellte eben die Katze Minnie war. Sie versah ihren Posten 14 Jahre lang. Nur ein einziges Mal in ihrem Leben nahm sie Erholungsurlaub, der darin bestand, dass sie auf einem Tanker der Kompanie nach Venezuela und wieder zurückreiste. Als Minnie im Alter von 16 Jahren starb, hatte sie mehr als hundert Kinder zur Welt gebracht. Eines von ihnen, „Esso junior", übernahm dann ihren Posten. Auch die Ford Company beschäftigte einige Katzen, vor allem in den Polster- und Lederlagern, und Henry Ford fand die Katzen deshalb so sympathisch, weil ihn ihr Schnurren an das Surren von Ford-Motoren erinnerte.

Die Katze im Militärdienst

Ob es nun Kirchen, Klöster, Postämter, Schiffe oder Lagerräume waren, wenn sie von der Fressgier der Ratten und Mäuse bedroht wurden, konnten allein die Katzen Abhilfe schaffen. In der ursprünglichen Version des Marshall-Planes hatte man die Einfuhr von Rattenjäger-Katzen vorgesehen, Nachkommen jener wertvollen Hilfskräfte, welche die überseeischen Lagerhallen verteidigen. Aber angesichts der Überfülle europäischer Katzen in Kellern und Dachrinnen verzichtete man auf dieses Projekt.

In Paris, wo man die Zahl der Katzen unbekannter Herkunft auf mindestens 900000 bis eine Million schätzt, würde es genügen, diejenigen Katzen angemessen mit Futter zu versorgen, die noch so viel Jagdinstinkt besitzen, um die Einnahme ganzer Viertel durch das Rattenvolk zu verhindern. Tatsächlich hat sich überall die Katze allen Fallen und Giftattacken überlegen erwiesen, selbst die Hunde übertrifft sie, denn sie ist viel vorsichtiger, geduldiger und effizienter. Dies konnte man sehr leicht in einer Keksfabrik feststellen, wo man vergeblich alles versucht hatte, von den Foxterriern angefangen bis zum Giftgas. Die Hunde hatten viel mehr Kekse gefressen als die Ratten, während zehn bis zwölf Katzen genügten, um die gesamte Armee der Ratten in weniger als sechs Wochen in die Flucht zu schlagen. Im Jahre 1961 haben sich schließlich die Katzen in Borneo als sicherste Waffe gegen diese Nager erwiesen. Die Reisfelder waren derartig von Ratten verseucht, dass man sämtliche Katzen von Singapur einfangen musste. Zu Hunderten wurden sie mit Fallschirmen abgeworfen und es gelang ihnen auf diese Art die Pflanzungen zu retten.

So ist es auch nicht verwunderlich, dass auch das Militär diesen nützlichen Verwendungszweck der Katzen entdeckte. Katzen wurden daher auch wirklich im Ersten Weltkrieg dafür eingesetzt, die Lagerräume einer amerikanischen Flugzeug- und Ballonfabrik zu bewachen. Nach weniger als einem Jahr vergrößerte sich aber die Zahl der Katzen auf 22, weil insgesamt 12 Junge zur Welt gekommen waren. Das veranlasste den für die Fabrik zuständigen Haushaltsoffizier zu folgendem Schreiben nach Washington: „Es ist zuzugeben, dass es für den Schutz der Staatsgüter von Vorteil ist, wenn eine so starke Katzentruppe unterhalten wird. Die sprunghafte Erhöhung des Bestandes macht aber doch die Frage nötig, an welchem Punkt ein weiterer Anstieg abzustoppen ist. Weil ja der Zweck dieser Katzen die Beseitigung von Schädlingen ist und weil schon der ursprüngliche Katzenbestand diese Aufgabe zu voller Zufriedenheit erfüllte, ist zu fragen, von welchem Moment an das ständige Anwachsen der Mannschaft zu einer unnötigen Bürde für die Verwaltung wird, vor allem im Hinblick auf die bevorstehende totale Vertilgung der Ratten und die dann nötig werdende Beschaffung riesiger Mengen von Katzenfutter über das Haushaltsbudget der Armee.“ Die zuständige Verwaltungsstelle in Washington gab einstweilen erst bekannt, dass „die natürliche Vermehrung nicht vorausgesehen worden sei und in keiner Weise reguliert werden kann“, worauf der Haushaltsoffizier lakonisch meldete: „Es sind inzwischen fünf neue Kätzchen zur Truppe gestoßen.“ Wie das Problem der „natürlichen Vermehrung“ schließlich gelöst wurde, ist leider nicht bekannt, weil der Rest der Korrespondenz verloren gegangen ist. Übrig geblieben ist nur noch ein offizielles Protokoll der Fabrikverwaltung, das festhält, dass die Mäuse und Ratten auf dem Gelände des Flugzeugwerks eliminiert worden sind.

War dieser artgerechte Einsatz der Katzen im Militärdienst, wie zu erwarten war, ebenso erfolgreich wie anderswo, so sollte sich der Versuch, die Katzen zum Kriegsdienst zu zwingen, als ein völliges Desaster erweisen. Die amerikanischen Streitkräfte hatten festgestellt, dass gutes Sehen bei diffusem Licht, eine der sprichwörtlichen Eigenschaften der Katze, enorme taktische Vorteile verschafft. Sie bildeten daraufhin eine Gruppe von Katzen aus, die sie nach Vietnam schickten. Die Verantwortlichen für diese Entscheidung dürften wohl nie eine eigene Katze besessen haben, denn andernfalls hätten sie den katastrophalen Ausgang der Unternehmung voraussehen können. Der Bericht von offizieller Stelle über eine nächtliche Aufklärungspatrouille, die im Jahre 1968 von Katzen hätte geführt werden sollen, verlautete: „Die Abteilungen wurden von den Katzen in verschiedene Richtungen geführt. In vielen Fällen wurden die Soldaten auf die Fährte anderer streunender Katzen oder sogar Vögel geführt. Oftmals weigerten sich die Katzen, auch nur einen Schritt zu gehen, und wurden von den Soldaten weitergezogen, in vielen Fällen krallten sich die Tiere dann an den Rucksäcken der vorausgehenden Soldaten fest. Bei unfreundlichem oder auch nur andeutungsweise schlechtem Wetter waren die Katzen in den Lagern fast unauffindbar.“

Die Katze im Dienst der Weltraumforschung

Schon im 19. Jahrhundert gab es eine Vereinigung, die sich die Erforschung des Weltraums zum Ziel setzte. Angeregt von Jules Vernes’ bekanntem Roman >Von der Erde zum Mond< konstituierte sich bereits in den 70-er Jahren dieses Jahrhunderts ein Klub, der diese phantastische Fahrt verwirklichen wollte. Im Unterschied zu Jules Verne, der als ausgesprochener Hundefreund die Eroberung des Weltraums durch Hunde beschrieb (vgl.

Abb. 18: Der Abschuss des Weltraumprojektils (aus Verne 1894)

Oeser 2004, S. 174 f.), bei dem der eine den Heldentod starb, waren in diesem Fall Katzen vorgesehen. Auf Stone Hill in Florida wurden Abschussrampen gebaut. Sie bestanden aus zylinderförmigen Schächten im Fels, die etwa 10 Meter Tiefe und 5 Meter Durchmesser hatten. Die Projektile, etwa 15 Meter hohe und entsprechend dicke Eisenzylinder, in deren Innern sich ein komfortabler Passagierraum mit Vorratsschränken befand, wurden in die

Schächte gestellt und sollten nach dem Vorbild von Jules Verne mit gewaltigen Dynamitladungen wie Kanonenkugeln abgeschossen werden (vgl. Abb. 18).

Bevor aber ein normales Projektil abgefeuert wurde, machte man einen Versuch mit einem kleineren Projektil, das nur einen ziemlich engen, aber ebenfalls gut gepolsterten Innenraum besaß. Dieses Projektil sollte aber, um die definitiven Abschussrampen auf Stone Hill zu schonen, vom Meeresufer abgeschossen werden. Es war auch verhältnismäßig leichter als das für Menschen geeignete Transportmittel, so dass man glaubte, auch vom Meeresufer aus den Mond erreichen zu können. Kurz bevor die Dynamitladung zündete, wurden eine Katze und ein Eichhörnchen ins Projektil eingeschlossen. Es gab eine gewaltige Detonation. Das Projektil fuhr aus der Grube, erreichte aber nur eine Höhe von etwa 300 Metern und fiel zurück ins Meer. Sofort fuhr ein Boot an die Stelle, wo es aufgeschlagen war. Das Projektil wurde geborgen und als es kaum fünf Minuten nach Abschuss geöffnet wurde, sprang die Katze heraus. Das Eichhörnchen dagegen war spurlos verschwunden. Die Katze hatte ihren Mitastronauten aufgefressen.

Wenn schon eine Katze nicht das erste Lebewesen im Weltraum war, sondern der sibirische Hund Leika (vgl. Oeser 2004, S. 174 ff.), so hat sie doch auch mitgeholfen, ihn zu erobern: Während die Russen Hunde und die Amerikaner Affen dazu benutzten, hatten die Franzosen im vergangenen Jahrhundert speziell für diesen Zweck eine Katze ausgebildet und sie dann an Bord der Raumsonde Veronique 175 Kilometer in den Weltraum geschickt. Damit sie sich während des Fluges nicht bewegen konnte, wurde sie in eine starre Vorrichtung eingeklemmt (vgl. Abb.19). Man kann sich kaum vorstellen, was das für ein so freiheitsliebendes Tier wie die Katze bedeutet.

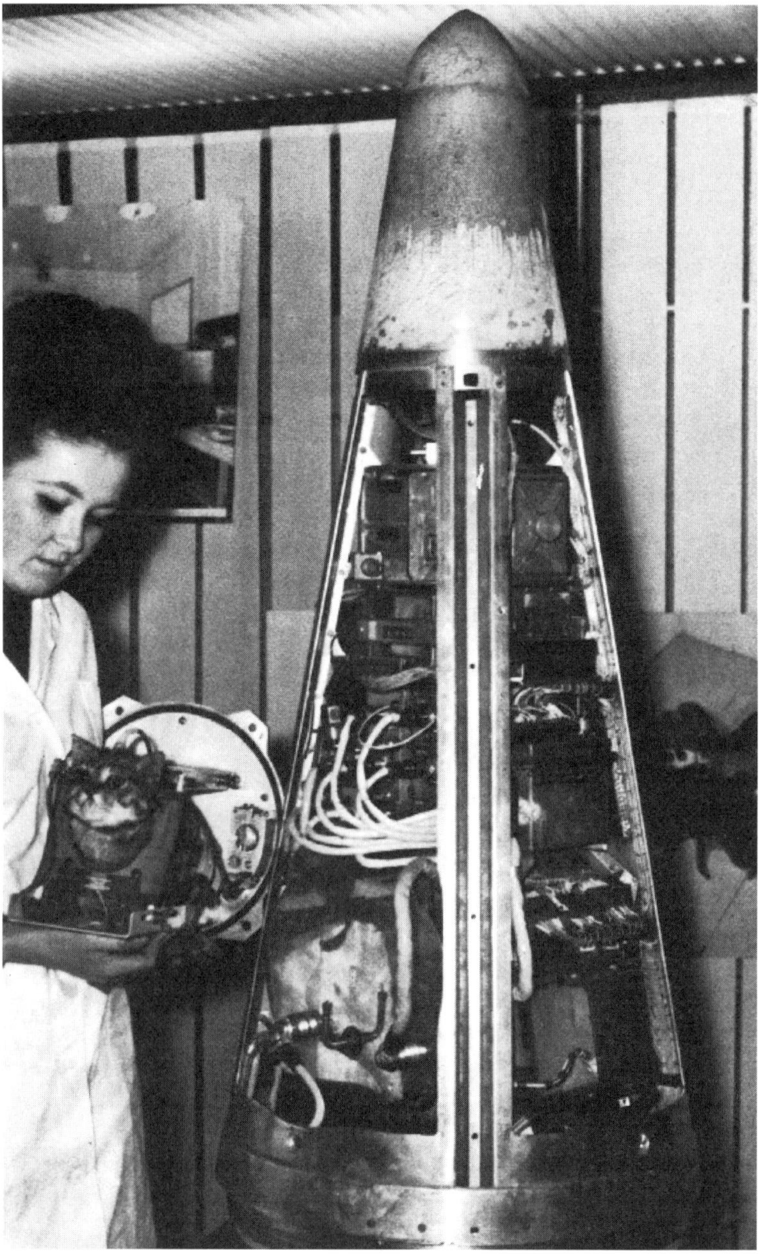

Abb. 19: Die Katze als Weltraumfahrer (aus Mery 1966)

10. Die Katze als Gesellschaftstier

Die Katze verdankt ihren Aufstieg aus der Finsternis des Mittelalters und des Hexenaberglaubens zunächst unbestritten ihrer Fähigkeit als Ratten- und Mäusefänger. Diese Fähigkeit machte sie im neuzeitlichen Europa ebenso unentbehrlich wie im alten Ägypten. Sie kam zwar nicht zu göttlichen Ehren und wurde auch nicht angebetet, aber sie wurde auch dann, als es bereits wirkungsvollere Mittel der Schädlingsbekämpfung gab, in den Behausungen des Menschen nicht nur bloß geduldet, sondern erwarb sich mehr und mehr seine Gunst, je weiter sie sich von ihrem ursprünglichen unappetitlichen Geschäft des Mäuse- und Rattentötens entfernte.

Die Katze als Liebling der Staatsmänner

Unter den Mächtigen der beginnenden Neuzeit gab es einen Katzenliebhaber besonderer Art: den Kardinal Richelieu (1585–1642). Dieser liebte die Katzen auf sehr egoistische Weise und nur zu seiner Zerstreuung. In seinem Arbeitszimmer war er ständig von kleinen Katzen umgeben und liebte es, ihren tollen Luftsprüngen zuzusehen. In Wirklichkeit war er jedoch kein wahrer Katzenfreund, denn kaum hatten die kleinen Katzen ihren dritten Lebensmonat erreicht, schickte er sie wieder zurück und ließ an ihrer Stelle neue, jüngere kommen. Die Bande von lebhaften, possierlichen Tierchen bot ihm unaufhörlich ein lustiges Schauspiel. Aber der Kardinal kümmerte sich weder um Trächtigkeit, Liebesverhalten, Mutterschaft und Erbanlagen noch um ihre geistige Entwicklung, all die Dinge, welche das Studium der Katzen so interessant machen (vgl. Champfleury 1869, S. 115 f.).

Andererseits soll jedoch Richelieu in seinem Testament seinen letzten zwölf Katzen eine angemessene Pension festgesetzt haben, die sie jedoch unglücklicherweise nicht genießen konnten. Sie wurden nämlich kurz nach dem Tod des Kardinals von Schweizer Tambouren eingefangen und im Hotel du Boudin Généraux auf den Mittagstisch gebracht.

Ebenso fasziniert vom Spiel mit den Katzen war der Zeitgenosse Richelieus, Montaigne (1533–1592), der weniger als Ratsherr im Parlament von Bordeaux als vielmehr als Moralphilosoph und Essayist bekannt wurde. In einem seiner >Essais< schrieb er: „Wenn ich mit meiner Katze spiele – wer

Abb. 20: Die Katzenfreunde: Richelieu, Chateaubriand, Baudelaire und Hoffmann (aus Champfleury 1869)

weiß, ob ich nicht mehr ihr zum Zeitvertreib diene als sie mir? Die närrischen Spiele, mit denen wir uns vergnügen, sind wechselseitig: Ebenso oft wie ich bestimmt sie, wann es losgehen oder aufhören soll“ (Montaigne, 12. Essai, 2. Buch).

Auch von einem der größten Minister, die Frankreich je besessen hat, Jean-Baptiste Colbert (1619–1683), wird berichtet, dass er ständig einen Haufen kleiner Katzen genau in dem Arbeitszimmer spielen ließ, aus dem so viele Errungenschaften hervorgegangen sind, die gleichermaßen nützlich wie verdienstvoll für die Nation waren (Paradis de Moncrif 1727; vgl. Champfleury 1869, S. 116). Seine Idee war es auch, ein eigenes Budget für Aufzucht und Unterhaltskosten von Katzen in Museen, Gefängnissen, Kasernen, Geschäften, Lagerhallen und Bibliotheken zu erstellen.

Dem berühmten Naturforscher, Hundeliebhaber und Katzenfeind Buffon widersprach einer der größten Katzenfreunde, die jemals in Frankreich gelebt hatten. Es war der Vicomte François René Chateaubriand (1768–1848), Schriftsteller und Staatsmann zugleich, der nach Meinung von Champfleury am schönsten über Katzen geschrieben hat, am vernünftigsten und im besten Stil. Seinem Biographen und Freund, dem Comte de Marcellus, teilte er Folgendes mit: „Ich liebe an der Katze den unabhängigen und fast undankbaren Charakter, der es ihr versagt, sich an jemanden zu binden, diese Gleichgültigkeit, mit der sie durch die Salons schreitet wie durch die Dachrinnen, in denen sie geboren wurde. Wir liebkosen sie, und sie macht einen Katzenbuckel; aber sie empfindet ein körperliches Vergnügen und nicht, wie der Hund, die törichte Zufriedenheit, zu lieben und dem Herrn treu zu sein, der dies dann mit Fußtritten dankt. Die Katze lebt allein, sie hat keine Gesellschaft nötig, sie gehorcht nur aus freiem Willen, spielt die Schlafende, um besser zu sehen, und ergreift alles, was sie zu fassen kriegt. Buffon hat die Katze schlecht gemacht: mein Ziel ist ihre Rehabilitation, und ich hoffe, aus ihr, wie es sich gehört, ein ehrenhaftes Tier zu machen, das zeitgemäß ist" (Comte de Marcellus, Chateaubriand et son temps, 1859).

Chateaubriand hat mit solchen Worten tatsächlich viel zur Wiederherstellung des guten Rufes der Katzen beigetragen, und wenn er auch nicht die Zeit hatte, ihn wissenschaftlich zu untermauern, war doch seine Bewunderung für die Katzen grenzenlos. Sie ging so weit, dass er glaubte, selbst einer Katze ähnlich zu werden. „Kennen Sie nicht jemanden hier ganz in der Nähe", sagte er einmal lächelnd zu seinem Freund, dem Comte de Marcellus, „der einer Katze ähnelt? Was mich betrifft, so finde ich, dass mir unser langjähriges familiäres Zusammensein einige ihrer Allüren übertragen hat." Vor allem die totale Unabhängigkeit der Katze war es, die Chateaubriand so beeindruckte, dass sie sein eigenes Leben bestimmte. Als Offizier, Minister und Botschafter Frankreichs in der revolutionären Zeit des Untergangs und der Wiederauferstehung der Monarchie führte er ein bewegtes und abenteuerliches Leben, in dem er den Katzen im Glück und im Unglück verbunden war. Wo immer er auch hinkam, ins Exil nach London oder in die Botschaft nach Rom – bis zum Ende seines Lebensweges beschäftigen ihn diese Tiere.

In seinen Memoiren gibt er selbst davon beredtes Zeugnis: Während seines Exils in London um 1797 wohnte er als armer Mann bei einer irischen Witwe, welche eine große Zuneigung zu Katzen hatte. Diese Zuneigung war das Bindeglied zwischen ihm und seiner Gastgeberin. „Verbunden durch diese Übereinstimmung der Leidenschaft", schrieb er in seinen >Memoires d'outre-tombe<, „hatten wir das große Pech, zwei elegante Miezekatzen zu verlieren, ganz weiß wie Hermeline, jedoch mit einer schwarzen Schwanzspitze." Doch hatten nach seiner Meinung die englischen Katzen bei weitem nicht das muntere Wesen der französischen Katzen. Wahrscheinlich war es aber nur die Verbitterung, die ihn fern seiner Heimat im Exil überwältigte und ihn die englische Tierwelt in einem erbarmungswürdigen Licht erscheinen ließ: „Der Spatz von London mit seinem von der Kohle geschwärzten Gefieder verhält sich ganz ruhig auf den Wegen, niemals hört man einen Hund bellen, bei der Abrichtung der Pferde geht man so weit, dass man ihnen das Schnauben verbietet, und selbst die so unabhängige Katze hat das Miauen auf der Dachrinne eingestellt" (vgl. Champfleury 1869, S. 118 f.).

Ganz anders waren dagegen die Verhältnisse Chateaubriands als Botschafter in Rom. Dort erhielt er vom Papst Leo XII. einen großen grauroten Kater. Er nannte ihn Micetto und betrachtete ihn als liebsten Gefährten und Hausgenossen. Diese von Chateaubriand selbst immer wieder betonte Verehrung für die Katzen ließ bei ihm niemals nach, während all seine anderen Gefühle so nach und nach erloschen. „Ich würde mich gerne", sagte er zu seinem Biographen Comte de Marcellus, „zum Anwalt gewisser Geschöpfe Gottes machen, die beim Menschen in Ungnade gefallen sind. In vorderster Linie würden da der Esel und die Katze stehen." Ein bissiger Zeitgenosse, Paradis de Moncrif, einer der Schreiberlinge, die sich über Chateaubriand lustig machten, war der Meinung, dass man nur dem Hund zugestehen kann, zu Füßen der edlen Ritter auf ihren Gräbern als Skulptur zu fungieren. Die Katzen mit ihrem arglistigen Gesichtsausdruck und ihren gefährlichen Krallen könnten vernünftigerweise nur auf dem Grabmal eines Staatsanwaltes oder Gerichtsschreibers in Erscheinung treten. Champfleury, der Gesinnungsgenosse und Bewunderer Chateaubriands, antwortete dagegen: „Wenn ich Bildhauer wäre, würde ich ungeachtet dieser Ansicht bestrebt sein, Monsieur de Chateaubriand ein Standbild zu errichten mit einer schönen Katze in nachdenklicher Haltung zu seinen Füßen" (Champfleury 1869, S. 121, übers. v. W. Oeser).

Die Katze als Muse der Dichter und Vertraute der Gelehrten

„Die glühendsten Verehrer und die nüchternsten Gelehrten lieben gleichermaßen in ihrer reifen Zeit die mächtigen und sanften Katzen." Diese Worte von Charles Baudelaire (1821–1867) sind kennzeichnend für eine ganze Generation von Dichtern in Frankreich, die der Faszination der Katze erlegen sind. Zu den berühmtesten von ihnen gehören Mérimée, Balzac, Hugo, Zola, Loti und Apollinaire. Baudelaire selbst hatte zu Katzen eine unersättliche, fast krankhafte Leidenschaft empfunden. Er soll stets, wenn er irgendwohin eingeladen war, zuerst rastlos nach der Katze des Hauses gesucht haben, bis er sie gefunden hatte. Dann nahm er sie in die Arme, küsste und streichelte sie und schenkte den übrigen Gästen keine Aufmerksamkeit mehr. Baudelaire war mehr als nur ein Freund der Katzen. Sie erfüllten sein ganzes Denken und Dichten, wie seine eigenen Worte zeigen: „Als wär' es ihre eig'ne Wohnung, spaziert in meinem Hirn eine schöne Katze, voll Sanftheit und voll Anmut." Und in seiner berühmten Dichtung >Les fleurs du mal< (Die Blumen des Bösen) bringt er die Idealvorstellung eines Dichters zum Ausdruck, der zutiefst von der Größe der ägyptischen Kunst beeindruckt ist, wenn er über die Katzen sagt: „In Gedanken versunken nehmen sie die edle Haltung von großen Sphinxen an, die ausgestreckt am Grund der Einsamkeiten ruhn."

Ein großer Katzenfreund war auch der durch seinen Roman >Notre-Dame de Paris< berühmt gewordene Victor Hugo (1802–1885). Über ihn und sei-

Abb. 21: Victor Hugos Katze (aus Champfleury 1869)

ne Katze kann Champfleury folgenden authentischen Bericht liefern: „In meiner Jugend hatte ich die Ehre, bei Victor Hugo empfangen worden zu sein, in einem Salon, der mit Wandbehängen und Statuen im gotischen Stil geschmückt war. In seiner Mitte befand sich ein großer, roter Baldachin, auf dem eine Katze thronte, welche die Huldigungen der Besucher zu erwarten schien. Ein breites Band von weißem Pelz hob sich vom übrigen Fell ab wie die Pelerine eines Kanzlers von seiner schwarzen Robe. Der Schnurrbart glich dem eines ungarischen Magyaren und als das Tier feierlich auf mich zukam und mich mit flammenden Augen betrachtete, begriff ich, dass sich die Katze ganz dem Dichter angepasst hatte und das sie all die großen Gedanken widerspiegelte, die diesen Raum erfüllten. 'Es war wirklich sie', schrieb mir Victor Hugo, 'es war meine Katze, die mein Freund Méry, zwischen dessen Beinen sie ihren Buckel machte, zu dem berühmten Ausspruch veranlasste: Gott hat die Katze gemacht, um dem Menschen das Vergnügen zu geben, den Tiger zu streicheln'" (Champfleury 1869, S. 140).

Der Romantiker Prosper Mérimée (1803–1870) blieb mit seiner Katze, die selbstbewusst zwischen Büchern und Manuskripten herumspazierte, bis tief in der Nacht auf, um zu arbeiten, und Anatole France (1844–1924), der von seiner Katze stets zur bestimmten Stunde durch auffälliges Kratzen ans Schlafengehen gemahnt wurde, hat die Idee von der Katze als Wächterin und Beschützerin der Bücher in folgende poetische Worte gekleidet: „Gleich der göttlichen Katze, die in Heliopolis zur Nacht des großen Kampfes gegen die Gottlosen stritt, verteidigst du die Bücher, die der alte Weise für den Preis einer bescheidenen Barschaft und eines nimmermüden Eifers erwarb, wider die hässlichen Nager. In dieser Bibliothek, die deine streitbaren Tugenden schützen, schlummre, Hamilkar, mit dem Adel einer Sultanin! Denn du vereinst in deiner Person den furchtbaren Anblick eines tartarischen Kriegers mit der lässigen Grazie einer orientalischen Frau. Schlummre, heroischer und wollüstiger Hamilkar, in Erwartung der Stunde, da die Mäuse im Mondstrahl tanzen" (übers. von P. Sackarndt 1930).

Théophile Gautier (1811–1872), der allerdings eine Zeitlang seine Zuneigung zwischen Katzen und weißen Ratten aufteilte, schwärmte mit folgenden Worten von der Freundschaft mit seiner Katze „Séraphita": „Die Freundschaft einer Katze zu erwerben ist ein schwierig Ding. Solch ein Tier ist philosophisch, fremdartig, geruhsam, hängt an seinen Gewohnheiten, liebt Ordnung und Sauberkeit und lässt seine Zuneigung nicht unbesonnen wuchern: Es will gern dein Freund sein, wenn du dessen würdig bist, doch nie dein Sklave. Bei aller Zärtlichkeit wahrt es seine freie Meinung und würde nichts für dich tun, was es als unvernünftig erachtet; hat es sich aber einmal dir geschenkt, welch unbedingtes Vertrauen, welche Beharrlichkeit der Zuneigung! Es wird dein Gefährte in den Stunden der Einsamkeit, der Sammlung, der Arbeit. Es verharrt ganze Abende auf deinem Knie und spinnt sein Garn, glücklich, bei dir zu sein, und ohne Sinn für die Gemeinschaft seiner Artgenossen. Vergebens tönen Katzenschreie vom Dach und rufen es zu einer Abendgesellschaft, wo es statt Tee saure Heringslake gibt; es lässt sich nicht in Versuchung führen und dehnt mit dir seine Stunde aus. Wenn du es zu Boden setzest, klettert es schnell auf seinen Platz zurück und schnurrt dabei auf seine Art, die sanftem Vorwurf gleichkommt. Aufgebaut vor dir, schaut es dich manchmal aus Augen an, so voll und fest, und doch so zart, so einschmeichelnd und so menschlich, dass man fast erschrickt, weil es ein Unding wäre, anzunehmen, aus ihnen spräche nicht lebender Gedanke" (La menagerie intime, übers. von P. Sackarndt 1930).

Emile Zola (1840–1902) liefert ebenfalls ein Charakterbild einer Katze, deren abenteuerlichen Ausflug in die Freiheit er sie selbst erzählen lässt: „Damals war ich zwei Jahre alt und wohl die dickste und einfältigste Katze, die man sich denken kann. In diesem zarten Alter hatte ich noch allen Eigendünkel eines Wesens, das die Annehmlichkeiten des häuslichen Herdes missachtet. Und welchen Dank schuldete ich dabei der Vorsehung dafür, dass sie mich bei Ihrer Tante untergebracht! Die brave Frau betete mich an. In der Tiefe eines Schrankes hatte ich ein richtiges Schlafzimmer mit Daunenkissen und dreifacher Decke. Die Nahrung entsprach der Schlafgelegenheit; niemals Brot, niemals Suppe, nichts als Fleisch, feines, blutiges Fleisch." Doch bei all diesen Annehmlichkeiten hatte die so sorgsam gepflegte Hauskatze nur einen Wunsch, nur einen Traum: sich aus dem halboffenen Fenster gleiten zu lassen und über die Dächer durchzubrennen: „Die Liebkosungen schienen mir schal, die Weichheit meines Bettes verursachte mir Übelkeit, ich war fett bis zum Ekel vor mir selbst. Und ich war es leid, den ganzen langen Tag hindurch glücklich zu sein." Als die Flucht gelang, öffnete sich der Katze eine neue und aufregende Welt: „Wie schön waren die Dächer! Breite Traufen umsäumten sie und strömten entzückende Düfte aus. Lüstern folgte ich diesen Rinnen, wo meine Pfoten in feinen, unglaublich lauwarmen und angenehmen Dreck sanken. Ich schien auf Sammet zu schreiten. Und es gab herrliche Sonnenwärme. Ich trank aus den Regenrinnen, und nie hatte gezuckerte Milch so süß geschmeckt. Alles schien mir gut und schön. Ein alter Kater schloss mich besonders ins Herz. Er bot mir an, mich anzuleiten, was ich dankbar annahm." Nach einstündigem Spaziergang spürte die entlaufene Katze wütenden Hunger: „Was isst man auf den Dächern?", fragte sie den alten Kater. „Was man findet", erwiderte er lakonisch. Diese Antwort verwirrte die verwöhnte Katze, denn sie fand nichts. Der Kater setzte sie vollends in Verzweiflung mit der Bemerkung, dass man die Nacht abwarten müsse. Dann würde man zur Straße hinabsteigen, um die Kehrichthaufen nach Nahrung durchzuwühlen. Als die Nacht langsam herannahte, stiegen sie durch eine offene Scheibe an einer Treppe zur Straße hinab. Ihr Anblick war jedoch eine herbe Enttäuschung: „Wie schmutzig schien mir die Straße! Wo war diese gute Wärme hin, diese mächtige Sonne, diese licht glänzenden Dächer, wo man so entzückend sich aalte? Meine Pfoten rutschten auf dem fettigen Pflaster. Ich dachte mit Bitterkeit an meine dreifache Decke und an mein Daunenkissen. Kaum waren wir auf der Straße, als mein Katerfreund zu zittern begann. Er machte sich klein, ganz klein, er strich geduckt die Häuser entlang und hieß mich ihm schnellstens folgen. Sowie er einen Torweg hatte, sprang er hastig hinein und ließ ein befriedigtes Schnurren hören. Als ich ihn wegen dieser Flucht befragte, fragte er zurück: Hast du den Mann mit Kiepe und Haken gesehen? Ja. – Nun, wenn der uns bemerkt hätte, würde er uns erschlagen und vom Bratspieß verzehrt haben! Vom Bratspieß verzehrt!, schrie ich auf. Gehört die Straße denn nicht uns? Man isst nichts, sondern wird gegessen! – Inzwischen hatte man den Kehricht vor die Türen geschüttet. Verzweifelt durchstöberte ich die Haufen. Ich fand zwei bis drei magere Knochen, die in der Asche herumgelegen hatten. Mein Freund, der Kater, kratzte mit Meisterschaft im Müll. Er ließ mich bis zum Morgen herumlaufen, während er ohne Hast jeden Stein absuchte. Seit bald zehn Stunden fiel der Regen auf mich, mich fror am ganzen Leib. Verfluchte Straße, verfluchte Freiheit, wie ich mein Gefängnis zurückwünschte! Als es Tag war, sah der Kater, dass ich taumelte, und fragte mich mit seltsamem Ton: Hast du genug davon? O ja!, entgegnete ich. Willst du nun heimkehren? Sicher, doch wie das Haus wieder finden? Komm. Wenn ich dich heute Morgen so hinschleichen sehe, ist mir klar, dass eine Katze, so fett wie du, nicht für die herben Freuden der Freiheit geschaffen ist. Ich kenne deine Wohnung und werde dich bis zur Tür bringen. Er sagte das ganz einfältig, der ehrenwerte Kater. Und als wir angelangt waren: Adieu. – Ohne die geringste Gemütsbewegung zu zeigen. Nein, rief ich, so können wir nicht voneinander scheiden! Du musst mit mir kommen. Wir werden das Bett und das Fleisch teilen. Meine Herrin ist eine brave Frau. Er ließ mich nicht ausreden. Schweig, sagte er roh, du bist ein Dummkopf. Ich würde in deiner lauen Wärme vergehen. Dein üppiges Leben ist gut für Bastardkatzen. Deinen Mief und dein Daunenkissen wird sich eine freie Katze nie für den Preis der Gefangenschaft erkaufen ... Adieu. Und er stieg auf seine Dächer zurück. Ich sah seine große magere Silhouette unter den Liebkosungen der aufgehenden Sonne vor Lust erschauern." Als die Katze zu Hause ankam, wurde sie zuerst von der „braven

Frau" verprügelt, bevor sie das lang ersehnte Fleisch bekam. „Sehen Sie", fasste Zolas Katze ihren abenteuerlichen Ausflug in die Freiheit zusammen, indem sie sich vor der Herdglut streckte, „das wahre Glück, das Paradies, mein lieber Herr, besteht darin, in einem Zimmer eingeschlossen und geschlagen zu werden, wo es Fleisch gibt. Ich spreche im Interesse der Katzen" (Nouveaux contes à Ninon, übers. von P. Sackarndt 1930).

Hippolyte Taine, Verfasser von philosophischen und literarkritischen Schriften, besaß nicht nur eine, sondern viele Katzen, in deren Charaktere er sich lange vertiefte. Wie sie wollte er in Gelassenheit, jenseits von Freud und Leid leben. Denn er war von ihrer Weisheit so überzeugt, dass er sich zu folgenden Worten hinreißen ließ: „Ich habe die Philosophen und habe die Katzen studiert; doch die Weisheit der Katzen ist letztlich um Vieles größer".

Der Dichter Pierre Loti (1850–1923), der als Marineoffizier den Wert der Schiffskatzen kannte, sprach von sich selbst als „Freund, Sekretär und Vertrauter der Katzen". Als Kommandant des Dampfers „Vautour" gab er in Konstantinopel ein großes Fest. Anlass dazu war die Geburt eines Kätzchens. Das Schiff war mit Blumen bekränzt und die Offiziere hatten an Bord schnell ein kleines Orchester zusammengestellt, das unter der Leitung des Botschaftssekretärs eine fröhliche Symphonie spielte.

Ein weniger durch seine Dichtungen als durch seine exzessive Katzenliebe bekannter Literat namens Paul Léautaud, den man auch den „Katzenvater von Paris" nannte, wohnte mit 38 Katzen, 22 Hunden, einer weißen Ziege und einer Gans namens „Aurel" in einem kaum möblierten, verlotterten Häuschen außerhalb von Paris. Das Wäldchen um diese Wohnstätte war bei Léautauds Tod ein Friedhof: 300 Katzen und 150 Hunde lagen hier begraben, 450 Tiere, von denen Léautaud sagte, sie seien sein Lebensinhalt gewesen, die einzigen Wesen, die je Liebesempfindungen in ihm geweckt hätten. Grabsteine gab es auf diesem Friedhof allerdings nicht. Léautaud wusste aber ganz genau, welches der 450 Tiere wo begraben war, und hatte die Lebensdaten aller dieser seiner Lieblinge jederzeit im Kopf. Er behauptete auch, dass er sich nur mit Literatur befasst habe, um Futter für seine Tiere kaufen zu können.

Bei den Dichtern Frankreichs erfreuten sich auch die englischen Katzen großer Wertschätzung. So lässt Honoré de Balzac (1799–1850) die vornehm zurückhaltende *chatte anglaise* „Beauty" von ihrer Herrin mit folgenden überschwänglichen Worten verteidigen: „Beauty ist ganz und gar moralisch, sie ist ein kleiner Engel. Obwohl sie sehr schön ist, scheint sie es doch gar nicht zu wissen. Nie beachtet sie jemand, und das ist der Gipfel guter aristokratischer Erziehung; freilich lässt sie sich sehr gern bewundern, doch besitzt sie durchaus jene vollkommene Unempfindlichkeit, die wir von unseren jungen Damen fordern und die wir nur mit größter Mühe uns anzueignen vermögen. Sie wartet ab, dass man sie kommen heißt, nie springt sie zudringlich auf einen, niemand sieht sie essen, und gewiss hätte dies Ungetüm von Lord Byron sie angebetet. Als waschechte Engländerin liebt sie den Tee, sieht gewichtig drein, wenn man die Bibel auslegt, und denkt von niemandem Schlechtes, wodurch sie solches anzuhören sich gestatten darf. Sie gibt sich einfach und ohne jedwede Ziererei und macht sich nichts aus Schmuck: Gib ihr einen Ring, sie wird auf ihn nicht Acht haben; schließlich macht sie das üble Herumjagen nicht mit, sie liebt das Heim und hält sich so vollendet ruhig, dass man manchmal glauben möchte, sie sei eine Spielzeugkatze aus Birmingham oder Manchester, so ein Nonplusultra der guten Erziehung" (Les peines de cœur d'une chatte anglaise, übers. von P. Sackarndt, 1930, S. 81).

In England war es der berühmte Gelehrte Dr. Samuel Johnson, der als Katzenliebhaber in die Geschichte eingegangen ist. Sein Biograph Boswell, der stets mit ihm in Verbindung genannt wird, hasste ironischerweise Katzen, obwohl er diskret genug war, das vor Johnson zu verheimlichen. Über diese für ihn so unverständliche Katzenliebe seines Helden schreibt er: „Ich werde niemals die Nachsicht vergessen, mit der er seinem Kater Hodge begegnete. Er selbst pflegte für diesen das Haus zu verlassen und Austern zu kaufen – aus Furcht, die Diener, denen diese Mühe oblag, könnten deshalb Abneigung gegen das arme Tier fassen. Unglücklicherweise bin ich einer derjenigen, die Antipathie gegenüber einer Katze verspüren, so dass ich mich sogleich unbehaglich fühle, wenn ich mich nur gemeinsam mit einer solchen in einem Raum aufhalte. Und so muss ich gestehen, dass ich auf Grund der Gegenwart selbigen Hodges des Öfteren große Qualen erlitt. Ich erinnere mich, wie er eines Tages mit offensichtlichem Wohlbehagen auf Dr. Johnsons Brust hinaufkletterte, während ihm mein Freund dabei lächelnd und halb flötend den Rücken kraulte und ihn am Schwanz zog. Und als ich daraufhin bemerkte, was für ein prachtvoller Kater das doch sei, antwortete Dr. Johnson: 'Ja, wahrhaftig, mein Herr, aber ich habe Katzen besessen, die ich noch lieber mochte als diese.' Dann aber fügte er hinzu – so als habe er bemerkt, dass Hodge darob aus der Fassung geraten sei – 'aber er ist ein sehr feiner Kater, in der Tat, ein sehr feiner Kater'. Das ruft mir jene drollige Bemerkung in Erinnerung, die er gegenüber Mr. Langton über das verachtenswerte Verhalten eines jungen Mannes aus gutem Haus machte: 'Mein Herr, als ich das letzte Mal von ihm hörte, lief er gerade in der Stadt umher und erschoss Katzen.' Und dann, gleichsam in eine Art wohlwollender Träumerei versunken, besann er sich seiner eigenen geliebten Katze und sagte: ‘Aber Hodge wird nicht erschossen, nein, nein, Hodge wird nicht erschossen’“ (Boswell 1909, S. 451 f.).

Einer der bekanntesten deutschen Romantiker, der Dichter E. T. A. Hoffmann (1776–1822), besaß einen Kater namens Murr, an dem er mit großer Zuneigung hing. Dieser Kater starb in der Nacht vom 29. auf den 30. November 1821. Wie stark die rührende Liebe des Dichters zu seinem Hausgenossen war, schildert sein Zeitgenosse und Biograph Hitzig, der früh am Morgen folgende Karte erhielt: „In der Nacht vom 29. bis zum 30. November d. J. entschlief, um zu einem bessern Dasein zu erwachen, mein teurer geliebter Zögling, der Kater Murr, im vierten Jahre seines hoffnungsvollen Lebens. Wer den verewigten Jüngling kannte, wer ihn wandeln sah auf der Bahn der Tugend und des Rechts, misst meinen Schmerz und ehrt ihn durch Schweigen.

Berlin, 1. Dezbr. 1821 Hoffmann“

„Dieser Spaß“, schreibt Hitzig, „konnte dem auffallen, der Hoffmann nicht kannte, nicht ahnte, wie nahe oft bei ihm Scherz an Schmerz zu grenzen pflegte. Der Verfasser wusste, wie er es zu nehmen hatte. Ab Abend führte ihn ein Geschäft aus seinem Hause an der Weinstube vorbei, in welcher Hoffmann seinen Wohnsitz aufgeschlagen. Wenige Schritte davon gewahrte er diesen langsam und gebückten Hauptes einhergehend. Hoffmann ward auch seiner im Augenblicke ansichtig und: ‘Haben Sie meine Karte erhalten?’, fragte er mit Heftigkeit. Es wurde bejaht. ‘Nun, so tun Sie mir die einzige Liebe’, so fuhr er fort, ‘und treten mit mir in dies Kaffeehaus (vor dem sie eben standen), wir können da ungestört miteinander sprechen.’ Es geschah, wie er gesagt, er riss den Freund mit Ungestüm in ein Hinterzimmer, sah sich um, ob sie auch allein wären, und nun begann er, mit vorausgeschickter Bitte, ihn nicht zu verkennen – aber es sei doch nun einmal so – das Bekenntnis, wie ihn der Tod des Tieres ergriffen (welches zu retten er Ärzte aus der Tierarzneischule hatte holen lassen). Zugleich aber auch eine Schilderung der Qual des Sterbens, dass sich dem entsetzen Zuhörer die Haare in die Höhe richteten. ‘In der Nacht’, so erwähnte er unter anderem, ‘winselte der Murr gar zu erbärmlich; meine Frau schlief fest; ich stand sachte von ihrer Seite auf, schlich in die Kammer, wo er lag, hob die Decke auf, die über ihn gebreitet war, und nun sah er mich an mit ordentlich menschlichen Blicken, wie bittend, dass ich ihm doch das Leben schenken möchte, und hörte für einen Augenblick auf zu jammern, als ob er Trost in meinen Mienen läse. Da konnte ich es nun nicht länger ertragen, ließ das Tuch wieder über ihn hinfallen und kroch ins Bett zurück. Gegen Morgen starb er, und nun ist mir das Haus so leer und auch meiner Frau. Ich wollte heute früh gleich zu Fiocati und ihr einen sprechenden Papagei kaufen, aber sie will keinen Ersatz, und ich auch nicht. Nicht wahr, Freund, Sie halten auch nichts von Surrogaten für geliebte Gegenstände?' – Der Freund war so ergriffen von der Stimmung, in welcher er Hoffmann fand, und so gerührt von seinem Vertrauen, da er, der jeden Anstrich von Sentimentalität auf das Höchste scheute, sich gewiss nur gegen ihn, den seit langen Jahren mit seinen innersten Gefühlen Bekannten, so auszusprechen wagte, dass er seine Hand ergriff und ihm sagte: 'Ihre Karte liegt schon bei den Papieren, die ich über sie gesammelt, und auch diese Herzensergießung soll unvergessen sein. Wenn ich Sie überlebe, so schreibe ich Ihre Biographie, und beides soll darin nicht fehlen.' 'Ach, Sie werden mich gewiss überleben!', erwiderte er wehmütig, und tief erschüttert schieden die Freunde" (Hoffmann o. J., S. 7).

Diesem so früh verstorbenen Kater Murr widmete Hoffmann eines seiner bekanntesten Werke: >Lebensansichten des Katers Murr<. Noch zu Lebzeiten des wirklichen Katers Murr, im Dezember 1819, erschien der erste Teil des satirischen Romans, in dem der belesene und dichtende Kater über seine Kindheit, Jugend, das Verhältnis zu seiner Mutter, das Erwachen der Freundschaft, Liebe und Ehe und die Berührung mit der Hundewelt berichtet. Weihnachten 1821 kam der zweite Teil heraus. Er endete mit dem Tod des Katers, dem Hoffmann folgende Worte mit ins Grab gab: „Ich habe dich lieb gehabt und lieber als manchen – Nun! – schlafe wohl! – Friede deiner Asche!" (Hoffmann o. J., S. 356). Einen geplanten und schon angekündigten dritten Teil konnte Hoffmann jedoch nie ausführen. Er überlebte seinen Kater nur wenige Monate. Am 25. 6. 1822 starb er in Berlin.

Obwohl als Satire über das Philistertum der damaligen Bürgerwelt erdacht, treten in Hoffmanns >Kater Murr< keineswegs Menschen in Tiergestalt auf. Vielmehr erweist sich Hoffmann hier als Tierfreund und Tierkenner, der nicht nur für die Besonderheiten der Menschen, sondern auch für das Wesen der Tiere einen scharfen Blick hat. Vor allem in der humorvollen Schilderung der Begegnung des Katers mit der Hundewelt zeigt sich, wie Hoffmann den Erkenntnissen der modernen Verhaltensforschung über das spielerische Jagen der Katzen durch die Hunde nahe kommt: „Andern Tages begnügte ich mich nicht damit", sagt der Kater Murr, „vor der Türe zu sitzen, ich lustwandelte die Straße herab, da erblickte ich in der Ferne den Herrn Baron Alzibiades von Wipp, und hinter ihm her sprang mein munterer Freund Ponto. Gelegeneres konnte mir nicht kommen; ich nahm mich soviel wie möglich in Anstand und Würde zusammen und näherte mich dem Freund mit jener unnachahmlichen Grazie, die, unschätzbares Geschenk der gütigen Natur, keine Kunst zu lehren vermag. – Doch! – entsetzlich! Was musste geschehen! – so wie mich der Baron gewahrte, blieb er stehen und betrachtete mich sehr aufmerksam durch die Lorgnette, dann rief er aber: ‘Allons – Ponto – Huss – Huss – Katz! Katz!’ – und Ponto, der falsche Freund, sprang in voller Furie auf mich los! – Entsetzt, aus aller Fassung gebracht durch den schändlichen Verrat, war ich keines Widerstandes fähig, sondern duckte mich so tief nieder, als ich konnte, um Pontos scharfen Zähnen zu entgehen, die er mir knurrend zeigte. Ponto sprang aber mehrmals über mich hinweg, ohne mich zu fassen, und flüsterte mir in die Ohren: ‘Murr! Sei doch kein Tor und fürchte dich etwa! – du siehst ja, dass es kein Ernst ist, ich tue das nur meinem Herrn zu Gefallen!’ Nun wiederholte Ponto seine Sprünge und tat sogar, als packe er mich bei den Ohren, ohne mir indessen im Mindesten wehe zu tun. ‘Jetzt’, raunte mir Ponto endlich zu, ‘jetzt trolle dich ab, Freund Murr! Dort hinein ins Kellerloch!’ – Ich ließ mir das nicht zweimal sagen, sondern fuhr schnell davon, wie der Blitz. – Unerachtet der Versicherung Pontos, mir keinen Schaden zuzufügen, war mir doch nicht wenig bange, denn wissen kann man in solchen kritischen Fällen immer nicht recht, ob die Freundschaft stark genug sein wird, das angeborne Naturell zu besiegen. – Als ich hineingehuscht war in den Keller, spielte Ponto die Komödie, die er seinem Herrn zu Ehren begonnen, weiter fort. Er knurrte und bellte nämlich vor dem Kellerfenster, steckte die Schnauze durch das Gitter, tat, als sei er ganz außer sich darüber, dass ich ihm entwischt sei und er mich nun nicht verfolgen könne. ‘Siehst du’, sprach aber Ponto zu mir in den Keller hinein, ‘siehst du, erkennst du nun aufs neue die ersprießlichen Folgen der höhern Kultur? – In dem Augenblick habe ich mich gegen meinen Herrn artig, folgsam bewiesen, ohne mir deine Feindschaft zuzuziehen, guter Murr. So macht es der wahre Weltmann, den das Schicksal bestimmt hat, Werkzeug in der Hand eines Mächtigeren zu sein. Angehetzt muss er losfahren, aber dabei so viel Geschick beweisen, dass er nur dann wirklich beißt, wenn es gerade auch in seinen eigenen Kram taugt’“ (Hoffmann o. J., S. 336 f.).

Der gelehrte Kater Murr Hoffmanns hatte aber auch einen Vorläufer, auf den er selbst hinweist: den „Gestiefelten Kater“, wohl die berühmteste Märchenkatze, die ursprünglich von Giovanni Francesco Straparola aus Caravaggio stammt, der gegen Ende des 15. Jahrhunderts lebte. Dieser Stoff wurde dann von Charles Perrault (1628–1703) bearbeitet und erhielt in Deutschland durch die Brüder Grimm in ihren >Kinder- und Hausmärchen< aus dem Jahre 1812 die wohl bekannteste Fassung, in der ein gestiefelter Kater einem armen Müllersohn zu Königstochter und Königreich verhalf. Ludwig Tieck (1773–1853) machte schließlich aus diesem Stoff ein phantastisch-satirisches Drama, in dem der Autor seine Kenntnis von jenem Freiheitsdrang beweist, der die Katzen vor allen anderen Haustieren auszeichnet. Denn die Hauptperson des Stücks, der Kater Hinze, gesteht am Anfang, dass er die menschliche Sprache sehr wohl verstehen und auch selber sprechen könne, diese seine Gabe aber bisher wohlweislich verheimlicht habe, und zwar aus folgendem Grund: „Was muss der Hund nicht alles tun und lernen! Das Pferd! Es sind dumme Tiere, dass sie sich ihren Verstand merken lassen, sie müssen ihrer Eitelkeit durchaus nachgeben, wir Katzen sind noch immer das freieste Geschlecht, weil wir uns bei aller unserer Geschicklichkeit so ungeschickt anzustellen wissen, dass es der Mensch ganz aufgibt, uns zu erziehen" (zit. nach Damjan u. Schilling 1969, S. 132).

Der Gestiefelte Kater und der Kater Murr sind Schöpfungen der deutschen Romantik, die ein neues Naturgefühl und auch ein neues Geschichtsbewusstsein entdeckte. Die Romantiker zogen die alten Märchen und Sagen aus dem Dunkel, sie entdeckten die Literatur des Hochmittelalters, sie sammelten Volkslieder. Allem Ursprünglichen und Unverfälschten gehörte ihre Liebe. Das gilt auch für die Nachfolgeerscheinungen des Katers Murr. Der Erste war der Kater Hidigeigei in Joseph Victor Scheffels >Der Trompeter von Säckingen<, auch er ein gebildeter, ein belesener und dichtender Kater, auch er nicht frei von Überheblichkeit. Den Gipfel des Größenwahns erreichte aber der >Überkater< (1904) namens Carlo des Johannes Richard zur Megede. Carlo bezeichnet den Gestiefelten Kater, Murr und Hidigeigei als seine Vorfahren, lächelt aber milde über sie und betont, was ihn von diesen Ahnen trennt. Er sei „Italiener, Diplomat und Hotelkater"; Geistesverwandte habe er nur unter den Menschen, z. B. Machiavelli und Talleyrand.

Berühmt ist auch Theodor Storms Gedicht von den Maikätzchen. Heinrich Heine dichtete für „Mimi", die „kein sittsam Bürgerkätzchen", sondern eine freie Katze war; und sogar der schwerblütige Dramatiker Friedrich Hebbel, dieser unerbittlich ernste Dichter, schrieb ein Gedicht an ein Kätzchen. Ein großer Katzenfreund war der früh verstorbene Romantiker Wilhelm Hauff (1802–1827). Er besaß zwei Katzen, „Fränze" und „Fritz". Fritz saß in den letzten Tagen des Dichters unentwegt auf der Bettdecke des Kranken, und als Hauff starb, hielt er das Tier in seinem Arm.

Und schließlich ist es einer Katze zu verdanken, dass die Weltliteratur durch die heute noch beliebten Trivialromane der Hedwig Courths-Mahler bereichert wurde, die folgende Rechtfertigung über ihre nicht enden wollende Vielschreiberei äußerte: „Schon ehe ich anfing, Romane zu schreiben, besaß ich einen schwarzen Kater mit drei weißen Pfötchen. Und ihm verdanke ich eigentlich auch den Anstoß zu meiner schriftstellerischen Tätigkeit. Wenn ich nämlich abends in meiner gemütlichen Wohnung saß, umspielte, umschmeichelte und umschnurrte mich mein 'Felix', und ich sagte mir: Eigentlich fehlt nur noch ein Courths-Mahlerscher Roman dazu, um dich glücklich und zufrieden mit Gott und der Welt zu machen! Sehen Sie, deshalb habe ich meine ersten Romane geschrieben, nicht aber um Geld zu verdienen, wie die Lästermäuler wollen“ (zit. nach Damjan u. Schilling 1969, S. 135).

Katze und Frau

Bei allen Völkern, in allen Kulturen wurde die Katze als der Frau seelisch verwandt empfunden. Das ältere schriftliche Zeugnis dafür findet man bereits im alten Ägypten. In einer demotischen Schrift, die aus dem 4. Jahrhundert v. Chr. stammt, heißt es: „Wenn ein Mann nach Myrrhe riecht, ist seine Frau wie eine Katze zu ihm, wenn er leidet, ist sie wie eine Löwin“ (zit. nach Malek 2000, S. 96). Im Mittelalter ließ man Hexen in Katzengestalt umgehen und der Glaube an die Verwandlung von Frauen in Katzen war überall verbreitet. Katzen werden mit koketten Frauen verglichen, mit Prostituierten, und nach und nach belädt man sie mit allen weiblichen Lastern. Vergleiche zwischen Katze und Frau treten in frauenfeindlichen Pamphleten des Mittelalters wiederholt auf. Die Sprichwörter über die Natur der Frauen, wie sie in einem anonymen italienischen Text aus dem 13. Jahrhundert zu finden sind, heben vor allem die Entsprechungen zwischen Katze und Frau hervor, die sich auf schlechte und verwerfliche Charaktereigenschaften beziehen: Man darf einer Frau nur so weit trauen, wie die Maus der Katze traut. Die Katze wird hier als „naschhaft, diebisch, heimtückisch und schmeichlerisch“ geschildert. Auch wenn die Katze als ein wirkliches „Aushängeschild der Weiblichkeit“, die sich so unterschiedlichen Lastern ergeben hat wie Heuchelei und Naschhaftigkeit, Eitelkeit und Ausschweifung, verachtet wird, so ist der Bereich der Verachtung niemals fern vom Bereich der Lust: „Es gibt auf der Welt keine Katze, auch wenn sie noch so mager und elend ist, die nicht ihren Schwanz aufrichtet, wenn man sie streichelt; das Tier, das man liebkost, wird sofort rollig: lustvoll mauzt und reibt es sich“ (Anonimo dei Proverbia super natura feminarum, III, 101–104, zit. nach Bobis 2001, S. 142 f.). Diese Assoziation, die bereits in der Antike vorhanden war, zeigt sich im Mittelalter in zahllosen Variationen und reicht bis in die Vorstellungswelt der Neuzeit. Ein Beispiel dafür liefern die Hieroglyphenkommentare von Piero Valeriano Bolzani aus dem 16. Jahrhundert. Unter dem Vorwand, „Briefe und Schriftzeichen der Ägypter“ zu übersetzen, geben sie Gemeinplätze einer langen frauenfeindlichen Tradition weiter: „Wenn die unzüchtige Neigung der Frauen durch die Figur der Katze dargestellt wurde, so nicht aus Bewunderung der Fruchtbarkeit des Mondes, sondern weil die Katze eine Natur besitzt, die der Wollust untertan ist. Denn es ist die Katze, welche die Kater zum Hervorspringen aus ihren Winkeln antreibt und sie schlägt, wenn sie nicht gehorchen: Aus diesem Grunde sagen wir gemeinhin, dass jene, die sich ausschließlich ihrem Vergnügen hingeben und alle Scham verloren haben, das Leben einer Katze führen" (zit. nach Bobis 2001, S. 148).

Seit der Antike wurde auch immer wieder eine Verbindung zwischen Katze und Ehebruch angenommen. So schreibt der griechische Philosoph Artemidor (2. Jh.n.Chr.) in seinen Traumauslegungen: „Träumt dir von einer Katze, so deutet das auf Ehebruch. Jemand stellt deinem Weib nach, so wie die Katze den Vöglein nachstellt. Denn wie die Vögel sind die Frauen hübsch und lieblich und freundlich, sie schwatzen viel und singen anmutig und locken damit die Katzen an" (zit. nach Damjan u. Schilling 1969, S. 38). Diese Assoziation Katze – Ehebruch blieb durch das ganze Mittelalter lebendig. So war es später üblich, dass Ehebrecherinnen und Ehebrecher, Mörder der eigenen Gattin, der Eltern oder der eigenen Kinder zusammen mit einer Katze in einen Sack genäht und ertränkt wurden (vgl. Abb. 22).

Andererseits bescheinigt man der Katze, einen günstigen Einfluss auf Herzensangelegenheiten zu haben. Am Ende des Mittelalters wurde jungen Leuten im Norden Frankreichs geraten, Katzen nicht zu hassen, da sie großes Glück und Fortkommen in der Liebe verschafften und ihnen gestatteten, die Person ihrer Wünsche zu erlangen. Um sich die Zuneigung eines Mannes zu sichern, sollte man ihm in der Johannisnacht einen Liebestrank einflößen, der unter anderem Haare von der Schwanzspitze der Katze enthält. Um sich die Treue des Ehegatten zu bewahren, sollte die Frau ihre Katze zwei Tage unter einen Waschzuber stecken, ohne ihr zu fressen und zu trinken zu geben. Dann müssten ihre Pfoten mit Butter bestrichen werden, nachdem sie zuvor zusammengebunden worden seien; schließlich gebe man dem Tier in Urin getränktes Brot. Ähnliche Vorstellungen findet man im deutschen Volksglauben. So würde jemand, dem an seinem Hochzeitstag eine Katze bis zur Kirche folgte, besonderes Glück genießen. Ein junges Mädchen, dem auf dem Weg zum Ball eine gefleckte Katze über den Weg läuft, wird rasch einen Mann kennen lernen. Zugleich werden junge Mädchen, die eine Vorliebe für Katzen haben, glücklich heiraten. Allerdings wird ein Mann, der Katzen mag, niemals in den Ehestand treten (vgl. Bobis 2001, S. 147).

Eine Ausnahme von den Verdächtigungen der Katze als Symbol der Eitelkeit, Naschhaftigkeit, Gefräßigkeit und Wollust der Frau bildet die „syrische" Katze, die in Venedig „Katze der Madonna" genannt wird, weil sie normalerweise auf ihrer Stirn ein schwarzes Mal in Form eines M hat: „Man sagt nämlich, dass die Jungfrau Maria eine Katze dieser Rasse in ihrem

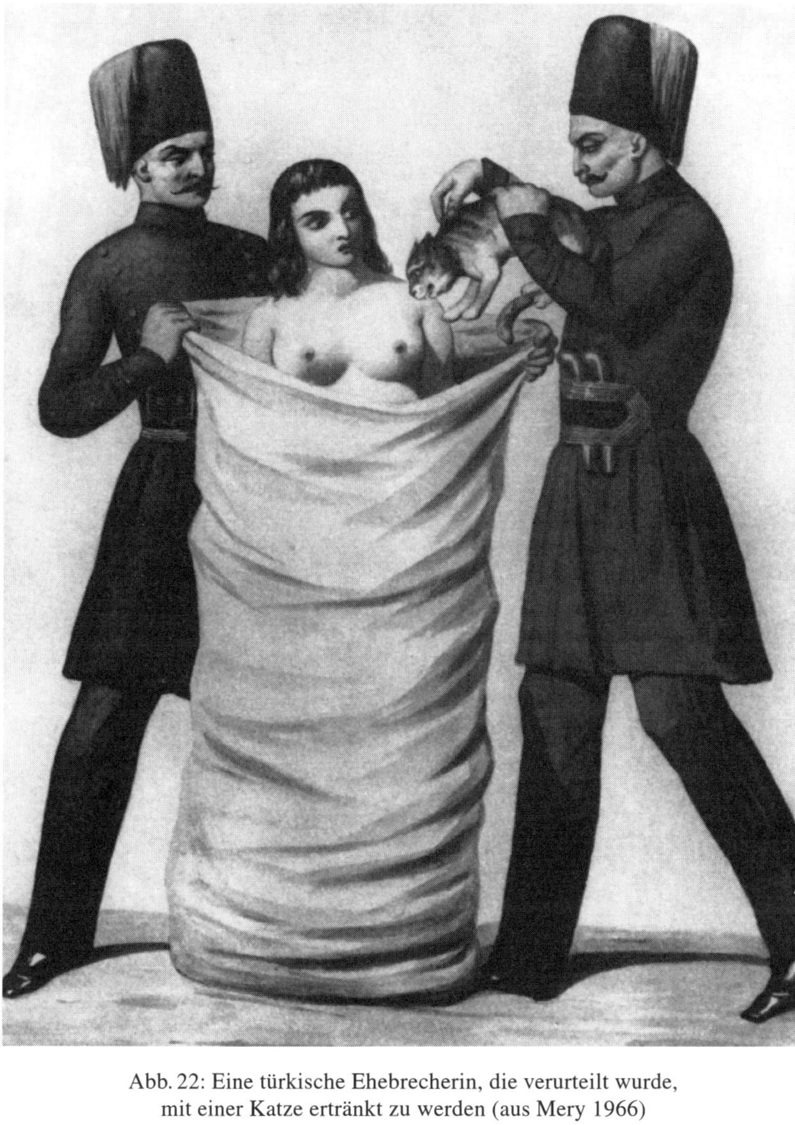

Abb. 22: Eine türkische Ehebrecherin, die verurteilt wurde, mit einer Katze ertränkt zu werden (aus Mery 1966)

Haus in Nazareth hielt" (Fumagalli 1890). Diese syrischen Katzen werden ab dem 16. Jahrhundert erwähnt und scheinen große Reputation genossen zu haben. Nach dem Mailänder Mediziner Geronimo Cardano (1501–1576) sind diese Tiere nicht übermäßig gefräßig, sanft und zugleich zur Mäusejagd befähigt; sie sind geschickter und folgsamer, weil sie aus einer heißen Region eingeführt worden sind und ihr Blut temperierter sei als das jener Tiere, die aus kaltem Klima stammen. Am Ende des 16. Jahrhunderts fordert der Naturforscher Soderini dazu auf, Katzen der „sorianischen" Rasse als Hauskatzen zu halten: Sie haben angenehmere Sitten, sind schöner, größer und bessere Jäger. Diese Katzen, welche die Qualitäten eines guten Mäusejägers mit einem sanften Charakter verbinden, werden auch in der postum erschienenen zoologischen Abhandlung von Ulisse Aldrovandi gerühmt. Die Einführung dieser musterhaften Tiere hat sicherlich zum Aufschwung einer neuen, positiven Katzensymbolik beigetragen. Denn diese Katzen verdienten es, wegen ihrer guten Eigenschaften mit Zuneigung behandelt zu werden, ja sogar, zur Katze der Jungfrau Maria aufzusteigen (Bobis 2001, S. 156).

So wandelte sich in der Neuzeit das Bild der Katze vom Symbol der verwerflichen Eigenschaften der Frau zur Vertrauten und Beschützerin des weiblichen Geschlechts von der Königin bis zum einfachen Bauernmädchen. Die Königin Johanna von Spanien, Mutter Karls V. und Gattin Philipps I., fiel in geistige Umnachtung, als ihr geliebter Gemahl starb. Sie ging als „Johanna die Wahnsinnige" in die Geschichte ein. Das einzige Wesen, von dem sie in ihrer Melancholie noch verstanden wurde, mit dem sie redete und das ihr noch eine Freude bedeutete, war ihre Katze. Ähnliches Einfühlungsvermögen bewies die Katze eines Bauernmädchens in Monteorsano in der Lombardei. Dieses Mädchen, Clementina mit Namen, war ungemein schön, aber es litt an Epilepsie. Mitten auf einem Dorffest oder sogar in der Kirche konnte es geschehen, dass Clementina zu Boden fiel. Kein Arzt vermochte sie zu heilen, und auch alle Heiligen des Kalenders, die von den Verwandten und Freunden unablässig beschworen wurden, brachten keine Linderung. Bloß die Katze Mina konnte Clementina helfen. Sie ahnte stets die Anfälle voraus: Sobald sie irgendein Anzeichen bemerkte, eilte sie sogleich zu den Eltern Clementinas, zupfte sie an den Kleidern oder miaute kummervoll, so dass die Eltern Clementina in Sicherheit bringen konnten, bevor sie wieder stürzte und sich irgendwo verletzte. Die Katze versah ihren Warndienst mit großer Gewissenhaftigkeit. Sie folgte Clementina überall hin, ließ sie nie aus den Augen. Gleichwohl starb Clementina noch in jungen Jahren. Mina saß unentwegt an der Bahre der Toten und hernach an ihrem Grab; dort starb sie aus lauter Kummer und Heimweh.

In Irland gab es sogar einmal eine Katze, die ihrer Herrin nicht nur in den Tod folgte, sondern sogar Rache übte an dem Verbrecher, der den Tod der Herrin verursacht hatte. Die Frau war sehr begütert gewesen und hatte ihr ganzes Vermögen ihrem Neffen vermacht. Nach dem Tode der Frau ging der

Erbe in das Zimmer, wo die Frau aufgebahrt lag und wo auch das Testament verwahrt war. Als er eintrat, sprang ihm die Katze mit unbeschreiblicher Wut an die Kehle und richtete ihn übel zu. Sie ließ nicht eher ab, sich immer wieder auf den Mann zu stürzen, bis man sie erschlagen hatte. Die Verwundungen des Neffen wollten jedoch nicht heilen: Nach 18 Monaten lag er selbst auf dem Sterbebett, wo er gestand, dass er seine Tante mit Gift ermordet hatte, um sich in den Besitz des Vermögens zu setzen (vgl. Damjan u. Schilling 1969, S. 286).

Horrorgeschichten wie die folgende trugen dazu bei, der Katze übersinnliche Fähigkeiten zuzuschreiben. In seinem >Tagebuch< erzählt Claude Farrère von einem geheimnisvollen Betragen seiner Katze „Kare Kedi“, die vor sich hindöste, um mit einem Schlage aus ihrem Schlaf zu erwachen: „Einen Moment lang scheint sie völlig verwirrt zu sein, heftet einen flammenden Blick auf die Mauer zu ihrer Linken, springt dann mit gesträubtem Fell auf den Boden und schleicht langsam, als wenn sie Schritt für Schritt einer unsichtbaren Erscheinung folgt, eben dieser Mauer entlang. Sie schnuppert nicht, hat auch kaum die Ohren gespitzt, bleibt einfach stehen, um wie gebannt auf die Mauer zu starren, auf der überhaupt nichts zu sehen ist ... Plötzlich, mit einem erschreckenden Ruck, der durch all ihre Muskeln fährt, springt sie zurück, dreht sich mit aufgestelltem Schwanz wie verrückt um die eigene Achse. Sie hat vergessen, dass ich hier bin“, schreibt Farrère, „dass ich ihr Schutz bieten kann. Erst nach einer Pause, die ziemlich lange dauert, trifft ihr verwirrter Blick ganz zufällig den meinen und sie entsinnt sich meiner Gegenwart. Da springt sie mit der Hast eines verfolgten Tieres auf mich zu und wirft sich mir an die Brust. Eine fürchterliche Angst packt mich! Der Schock dieser verängstigten Katze dringt mir ins innerste Mark.“ Am nächsten Tag macht sich Claude Farrère folgende Notiz: „Vergangene Nacht hat man meine Nachbarin, das hübsche Freudenmädchen, ermordet.“ Einige Zeit später nehmen Herr und Katze den Tatort in Augenschein, aber Kare Kedi hat keinen Blick für den Leichnam übrig. Eine Tote ist für sie völlig uninteressant (vgl. Mery 1966, S. 154).

Aber nicht nur in Gelehrtenwohnungen, in denen entscheidende Entdeckungen gemacht wurden, auch in Salons, in denen die vornehmsten Frauen verkehrten, gingen Katzen ein und aus. Von der berühmt-berüchtigten Lady Holland wurde erzählt, dass sie in ihrem Salon eine immens große Katze hielt, die die Besucher nie aus dem Blick ließ und deren totale Unterwerfung forderte. Besonders vernarrt in ihre Katzen war die schöne Gräfin Richmond. Sie trug am Hofe Charles' II. den Namen „Belle Stuart“ und war andauernd von Liebhabern umschwärmt. Doch sie behandelte diese Verehrerschar eher eisig. Die einzigen Wesen, die von ihr nicht nur sparsam berechnete Liebkosungen entgegennehmen durften, waren ihre Katzen. Als Gräfin Richmond starb, hofften viele ihrer Verwandten auf ansehnliche Erbschaften. Sie vermachte aber ihr sämtliches Vermögen ihren Katzen, was den Dichter Pope zum Spottvers veranlasste: „Die – and endow a college or a cat (Stirb – und vermache dein Vermögen einer Schule oder einer Katze)." Und eine gewisse Lady de Puis, die im Jahre 1678 starb, ging sogar noch weiter. Sie legte in ihrem Testament nicht nur die Höhe der Pensionen fest, die an ihre Katzen auszuzahlen seien, sondern verfügte überdies: „Allen, die in diesem Testament bedacht werden, mache ich zur Bedingung, dass sie meinen Katzen jede Woche einen Besuch abstatten müssen. Ansonsten gehen sie ihrer Erbberechtigung verlustig." Gegen diese Bestimmung strengten die Erben allerdings einen Prozess an. Das Gericht entschied, dass wohl die vorgesehenen Pensionen den Katzen zu Gute kommen sollten, dass es aber nicht billig sei, auf alle Zeiten von den übrigen Erben solche Visiten zu verlangen, während die Erbberechtigung der Katzen von keinerlei Bedingungen abhängig gemacht sei (vgl. Damjan u. Schilling 1969, S. 171 f.).

Testamente, die Frauen zu Gunsten ihrer Katzen machten, gab es aber auch in neuerer Zeit. So erbte die Katze der 1961 verstorbenen Mrs. Margaret Montgomery 30000 Dollar, wovon ihr jedes Jahr 1400 ausbezahlt werden mussten, damit sie ihren hohen Lebensstandard beibehalten konnte. Die Katze musste zwar ziemlich viel Erbschaftssteuer zahlen; aber sie wurde trotzdem 19 Jahre alt. Sie starb 1966. Dieselbe Summe von 30000 Dollar vermachte Mrs. Bertha Hart im Jahre1965 drei Katzen. Sie schrieb in ihrem letzten Willen: „Ich habe nie Kinder gehabt, und diese Katzen sind meine Familie." Ganz genaue Angaben, wie ihre Katze Susie zu halten sei, machte Miss Lottie Conklin, die 1936 in San Francisco starb: Jeden Tag bekomme Susie zum Frühstück drei Krebse, zum Mittagessen Niere und zum Abendessen Leber. Damit Susie ihr ganzes restliches Leben diese standesgemäße Verköstigung bekommen könne, vermachte die Dame der Katze 7000 Dollar (vgl. Damjan u. Schilling 1969, S. 257).

Die Auffassung von einer unergründlichen Verwandtschaft und Charakterähnlichkeit von Katze und Frau wurde nicht nur seit alters her in vielen Fabeln, Märchen und Mythen dargestellt, sondern hat sich bis in die Neuzeit und Gegenwart erhalten. So sagte Heinrich Heine: „Ich liebe die Weiber noch immer; als ich in Göttingen von allem weiblichen Umgange abgeschlossen war, schaffte ich mir wenigstens eine Katze an." Und auch Casanova hatte auf allen seinen Reisen, als „Frauenmodell", wie er sagte, eine Katze bei sich: „In der Katze sehe ich die Frau mit ihrer ewig beweglichen, sensiblen Seele" (zit. nach Damjan u. Schilling 1969, S. 281). In Frankreich war es vor allem die bekannte Schriftstellerin, Varietéartistin und Tänzerin

Abb. 23: Colette in Katzenpositur auf einer Einladungskarte zu einer Ausstellung des Malers Th.-A. Steinlen (aus Mery 1966)

Colette, die nicht nur eine große Katzenliebhaberin war, sondern selbst als Katze posierte (Abb. 23).

Von Colette stammt auch das geflügelte Wort: „Frauen sind wie Katzen: Beide kann man nur zwingen, das zu tun, was sie selber mögen" (zit. nach W. P. Hoffmann 1980, S. 15).

Im Stil des 19. Jahrhunderts wurde diese Wesensverwandtschaft von Katze und Frau von einem Schriftsteller, Giovanni Rajberti, folgendermaßen beschrieben: „Sie liebt feine Zärtlichkeiten, aber sie verabscheut eine plumpe, schwere Hand. Unhörbar durchstreift sie die Räume. Behutsam, vorsichtig windet sie sich auf leisen Pfoten zwischen den Möbeln, Kästchen und Porzellanen hindurch ohne anzustreifen. Sie ist wie für den Salon geboren, wie sie auch ganz Dame zu sein vermag, von jener überempfindlichen Sorte, die nie isst, nie zu Fuß ausgeht und Kunstgeschichte studiert. Die Schönheit der weiblichen Katze ist vielseitig wie die Schönheit der Frau. Jeder Geschmack wird befriedigt. Da gibt es die Schlanke und die Mollige, die Blendendweiße und die Braune, die Blonde und endlich die Buntgefleckte, verführerisch und launig gezeichnet, wie von raffinierter Künstlerhand. Sie alle sind Lieblinge der Natur. Und was für Schönheitsmittel stecken hinter solchen Reizen? Das eben ist das Wunder. Kein modischer Kleinkram, kein Spiegel, kein Stift, keine Schminke: etwas Speichel und eine Zunge, das ist das ganze Geheimnis. Wie werden Ehemänner, die sich endloser Rechnungen der Schneiderin, des Friseurs, der Hutmacherin und des Goldschmieds kaum erwehren können, die Katze als erhabenes Vorbild der Einfachheit und Sparsamkeit verehren!" (zit. nach Damjan u. Schilling 1969, S. 278).

Diese neckischen Bemerkungen über die Putzsucht der Katze gehen allerdings an der Realität total vorbei. Die Fellpflege der Katze ist nach den Erkenntnissen der modernen Verhaltensforschung eine Überlebensnotwendigkeit: „Wenn eine Katze sich das Fell leckt, schützt sie sich damit nicht nur vor Schmutz und Krankheit, sondern gleichzeitig vor Kälte, Überhitzung, Vitaminmangel, sozialer Spannung, Fremdgerüchen und davor, bis auf die Haut durchnässt zu werden. Kein Wunder, dass sie so viel Zeit ihres täglichen Wachzustandes dieser Tätigkeit widmet" (Morris 2000, S. 115). Fellpflege wird auch dann betrieben, wenn Katzen sich aufregen. Man nennt das Verdrängungsputzen und nimmt an, dass es ihnen hilft, die intensiven Spannungen abzubauen, zu denen es bei bestimmten Begegnungen im Leben einer Katze kommen kann. Wenn wir uns in einem Konflikt befinden, kratzen wir uns häufig am Kopf. Eine Katze leckt sich unter solchen Bedingungen ihr Fell.

11. Die Katze als Medizin und Nahrung

Katzendreck und Katzenfett

Bereits in der antiken Medizin wurde die Katze in die Arzneimittelverzeichnisse eingegliedert. Der römische Enzyklopädist Celsus erwähnt die Wärme spendende Eigenschaft von Katzenfett. Plinius der Ältere gibt an, dass Katzendreck Geschwülste heilt und, mit Harz und Rosenöl aufgetragen, Geschwürbildungen an der Gebärmutter kuriert. Wenn Gräten im Schlund festsitzen, kann man sie dadurch herausbekommen, dass man sich die Kehle mit Katzendreck einreibt. Sogar Stacheln, die unter die Haut gedrungen sind, können auf diese Weise entfernt werden. Über das von den Magiern empfohlene Rezept, man solle bei Fieber ein Amulett aus Katzendreck mit dem Zeh eines Uhus tragen, macht sich aber Plinius lustig. Besser erscheint ihm dagegen der Ratschlag, man müsse vor den Fieberschüben die in Salz konservierte Leber einer Katze, die bei abnehmendem Mond getötet wurde, zusammen mit etwas Wein einnehmen. Medizinische Traktate der Spätantike kommen immer wieder auf Plinius zurück, vor allem die >Medicina ex animalibus< eines gewissen Sextus Placitus Papyriensis. Dieser Traktat empfiehlt ebenfalls Katzenexkremente, um Gräten herauszuziehen und Fieber zu bekämpfen. Weiterhin wird bei Blutungen nach der Entbindung das gleiche Heilmittel empfohlen, das Plinius für Gebärmuttergeschwüre angegeben hatte. Sextus gibt auch ein Rezept für eine Salbe an, die zu gleichen Teilen aus getrocknetem Katzenkot und in Essig zerstoßenen Senfkörnern besteht. Wenn man diese Salbe auf die Kopfhaut aufträgt, behauptet er, könne man damit Haarausfall behandeln. Der Afrikaner Cassius Felix führt Mitte des 5. Jahrhunderts ein ähnliches Rezept an, in dem die Mischungsverhältnisse aber anders sind (zwei Drittel Katzendreck und ein Drittel Senfsamen). Außerdem verlangt er, dass man den kahlen Schädel an vielen Stellen leicht einritzen müsse, ehe man die Salbe aufträgt. Diese Behandlungsart wurde von anderen übernommen. Der byzantinische Arzt Alexander von Tralleis (6. Jh.) schlägt eine vereinfachte Version vor, die darin besteht, dass man die Exkremente der Katze in Essig auflösen muss, ohne Senfkörner hinzuzufügen. Eine lateinische Rezeptsammlung aus dem 6. Jahrhundert schließlich empfiehlt bei Kopfschmerzen eine Arznei auf Grundlage von Katzendreck, der in Myrtenöl angerührt wird (vgl. Bobis 2001, S. 79).

Während die antiken Rezepte noch eng auf nur wenige Krankheiten begrenzt waren, steigert sich im Mittelalter, das den Katzen keineswegs wohl gesinnt war, die Anwendungsmöglichkeit der Katzenheilmittel. Dementsprechend greift man nicht mehr nur auf Exkremente zurück, sondern auch auf Katzenfett, Knochenmark, Galle oder Fleisch. In einer anonymen Schrift aus der berühmten Medizinerschule von Salerno (12. Jh.) findet man folgende Angaben zur Heilung des „höllischen Feuers", wie man damals Herpes bezeichnete: „Nimm eine abgehäutete Katze, und zwar von weißem Fell, wenn das Leiden kalter Natur ist; nach dem Ausweiden zerstampfe sie kräftig, füge Wacholderbeeren und Sadebaum hinzu und stampfe sie von neuem; schiebe sie dann in eine zum Braten vorbereitete Gans; schöpfe den auslaufenden Saft ab und salbe mit ihm die betroffene Stelle. Wenn das Übel warmer Natur ist, nimm eine schwarze Katze, verfahre wie oben beschrieben und füge noch Wachs hinzu." Um Gicht und arthritische Erkrankungen zu kurieren, empfiehlt derselbe Traktat folgende Salbe: „Nimm einen mitsamt Eingeweiden zerstampften Kater, sechs Unzen gesalzenes Fett, eine gut gesäuberte, gekochte und vorher zerstoßene Farnwurzel sowie Naturwachs und verfahre wie oben mit der Gans beschrieben: Dies wird das Podagra und alle Gelenkschmerzen heilen" (zit. nach Bobis 2001, S. 79).

Die ausschweifende Phantasie des mittelalterlichen Menschen, der die Katze als Begleiterin der Hexen verteufelte, kennt in der Herstellung von Medikamenten auf Katzenbasis keine Grenzen: Katzengalle mit Holunderöl wird gegen Gesichtslähmung eingesetzt, vermischt mit pulverisierter Kamille soll sie gegen Auszehrung helfen und Knochenmark der Katze mit Holunderöl gegen Leberschmerzen. Gegen Nervenkrankheiten werden die Exkremente eines Katers vermischt mit Wein, wenn der Kranke ein Mann ist, oder einer Katze, wenn eine Frau behandelt werden soll, empfohlen.

Auch die Rezepte gegen Arthritis werden immer phantasievoller. Das >Compendium medicinae< (um 1230/40) von Gilbertus Anglicus, einem der berühmtesten Ärzte des 13. Jahrhunderts, enthält folgende Angabe: „Man häute eine fette Katze ab und nehme sie aus; dann fülle man sie mit einer Mischung aus Pflanzen (Günsel, Glaskraut, Weinraute, Andorn, Arthritiswurzel, Wilde Gurke, Gummiharz, Blätter und Früchte vom Efeu, Wolfsmilch) und tierischen Produkten (Bibergeil, Fett von Geier, Reiher, Gans, Fuchs und Bär). Danach wird der Katzenbauch gut zugenäht, und man lässt alles sanft köcheln, bis eine dickliche Flüssigkeit aus dem Tier austritt, die man mit Wachs vermischt." Eine Salbe, welche die Kalte Gicht heilen soll, ist noch raffinierter: „Sorgfältig klein geschnittenes Fleisch von einer fetten Katze und einer fetten Gans nehmen und dazu drei Unzen Dachsblut. In einen Kochkessel mit perforiertem Boden geben. Da hinein tut man zwei in kleine Stückchen zerstoßene Hirschhörner und fügt noch Efeu, Salbei, Kerbel, Weinraute, Gartenkresse und Zwiebeln hinzu sowie Fett von Katzen, Hunden, Dachsen und Gänsen, drei Unzen Naturwachs und vierzig hart gekochte Eigelbe, einen vollen Napf klein gehackter alter Esche, drei Unzen Lorbeeröl und einen ganzen Napf zerquetschter Nacktschnecken. Wenn das alles im Kessel ist, bedeckt man diesen mit einem Napf, in dem Lehm und Pferdemist gut vermischt sind, und hängt ihn über einen weiteren Kessel, den man in ein Erdloch gestellt hat. Auf den Boden dieses zweiten Kessels legt man eine Haut, um die herabtropfende Flüssigkeit aufzufangen. Diese Salbe ist ganz hervorragend" (zit. nach Bobis 2001, S. 81 f.).

Albertus Magnus verschreibt Wildkatzenfleisch gegen Gicht und die Galle einer schwarzen Katze gegen Gesichtsschmerzen. Beide Arten empfiehlt er zu verbrennen, um tote Föten durch Beräucherung abzutreiben. Zum Kurieren gichtkranker Habichte schlägt Albertus Magnus eine Salbe vor, die der von Gilbertus Anglicus ähnlich ist. Katzenfleisch und Katzenfett werden überhaupt gern zur Behandlung von Greifvögeln eingesetzt, wie folgendes Rezept zeigt: „Man schmiere den kranken Vogel mit Katzenfett ein und gebe ihm neun Tage lang Katzenfleisch und Weihrauchkörner zu fressen" (zit. nach Bobis 2001, S. 83). Noch in der ersten Hälfte des 14. Jahrhunderts empfiehlt der englische Chirurg John Gaddesden in seiner >Rose der Medizin< die Verwendung der Katze in verschiedenen Medikamenten, so gegen Krämpfe, Sterilität und Impotenz oder Verdauungsstörungen. Bei einer Lähmung rät er, auf die betroffenen Glieder eine Katzensalbe aufzutragen, deren Zusammensetzung wiederum dem Rezept von Gilbertus Anglicus ähnelt. Bei heftigen Schmerzen solle der Kranke in ein Dillbad getaucht werden, in dem man vorher einen jungen Hund, einen kleinen Fuchs oder ein Kätzchen bis zur völligen Auflösung gekocht hat, und wenn ein solches Bad nicht möglich ist, solle man mit dieser Flüssigkeit wenigstens das schmerzende Glied einreiben.

Obwohl der Prophet Mohammed den Genuss von Katzenfleisch verboten hatte, spielte die Katze in der arabischen Volksmedizin eine wichtige Rolle, die noch von abergläubischen Vorstellungen verstärkt wurde, wie folgende Rezepte zeigen:

„Wer das Fleisch einer schwarzen Katze isst, der kann nicht verzaubert werden.

Wer den Zahn einer Katze bei sich trägt, braucht sich nachts nicht zu fürchten, denn der Zahn verleiht ihm Tapferkeit.

Die Milz der Katze ist gut für Menstruierende. Sie hilft besonders bei starken Blutungen.

Wer sich mit Katzengalle einreibt, sieht bei Nacht so gut wie bei Tag.

Wer eine Wunde hat, muss Katzengalle mit rotem Kümmel und Salz mischen und die Wunde bestreichen: Er wird mit besonders schneller Heilung rechnen können.

Wenn ein Mann Katzenblut trinkt, so müssen ihn alle Frauen lieben" (zit. nach Damjan u. Schilling 1969, S. 107 f.).

Die Katze als Nahrung

Katzenfleisch und Katzenfett wurden nicht nur als Medizin verwendet. Archäologische Funde belegen, dass man im Mittelalter des Öfteren Katzen gegessen hat. So hat man aus den Müllplätzen von Besançon (13./14. sowie 16. Jh.) Knochen zutage gefördert, die auf charakteristische Weise zerteilt waren. Vor allem in Zeiten einer Hungersnot war der Verzehr von Katzen durchaus üblich. So sollen die von den Ungarn bedrängten Bewohner von Salerno in den Jahren 871/72 so weit gegangen sein, dass sie vor Hunger Katzen und Mäuse verzehrten. Ähnliches geschah bei der Belagerung der Zitadelle von Rantra, in die sich 1136 der Abt von Monte Cassino mit einigen Mönchen und dem Schatz der Abtei geflüchtet hatte. Die Mönche erklärten damals, dem Tode trotzen zu wollen und lieber Hunde und Katzen zu essen, als sich zu ergeben (Chronicon Casinense, Patrologie latine, CLXXIII, col. 779). Kurz darauf wurden auch im belagerten Ancona von den ausgehungerten Menschen Hunde, Katzen und Mäuse verspeist.

Weitere Beispiele dafür, dass man in äußersten Notlagen Katzen und andere Tiere verzehrte, finden sich in der Chronik von Venedig, welche der Doge Andrea Dandolo (Rerum italicarum scriptores, XII, 1727, col. 458) bis Mitte des 13. Jahrhunderts geführt hatte, beim Abt Johannes aus dem Kloster Viktring (Kärnten) und bei Heinrich von Herford im 14. Jahrhundert. Johannes von Viktring (Liber certarum historianum, Monumenta Germaniae Historica, Scriptores, S. 239, 243, 283) spricht von der Hungersnot, die in den Jahren 1277 und 1279 Kärnten, die Steiermark und Österreich heimsuchte; zu jener Zeit habe man Pferde, Katzen und sogar menschliche Leichen verzehrt. Heinrich von Herford erzählt ebenfalls von einer schrecklichen Hungersnot, die Ungarn im Gefolge der Tatareneinfälle getroffen habe und die Menschen dazu trieb, Hunde, Katzen und Leichen zu essen (Liber de rebus memorabiliaribus, S. 189).

Die Art der Darstellung in diesen Berichten lässt aber auch den extremen Ekel erkennen, den eine solche Noternährung hervorrief. Wie der Verzehr von Hunden zumindest in Europa schon im Mittelalter als erster Schritt zum Kannibalismus angesehen worden ist (vgl. Oeser 2004, S. 148), so wurde auch der Verzehr von Katzen als Kennzeichen der Barbarei angesehen, wenn er nicht auf eine Hungersnot zurückzuführen war. So berichtet der Bischof Otto von Freising (um 1112–1158) von den barbarischen Ungarn, die sich im 9. Jahrhundert in Pannonien niedergelassen hatten: „Seinerzeit sagte man, dass dieses Volk so grausam und wild sei, dass es sich von rohem Fleische nähre und Menschenblut trinke. Wer dies unglaubhaft findet, sei daran erinnert, dass die Petschenegen und jene, die man ‘Falones’ nennt, sich noch heute von rohem und unreinem Fleische nähren, so von Pferden und Katzen“ (zit. nach Bobis 2001, S. 72).

Im ausgehenden Mittelalter und in der beginnenden Neuzeit häufen sich jedoch die Dokumente, die das Katzenessen nicht nur in Notzeiten, sondern überhaupt empfehlen. So beruft sich ein Arzt aus Padua, Giovanni Michele Savonarola (15. Jh.), auf den berühmten arabischen Mediziner al-Rasi und vermerkt, dass Katzenfleisch von ähnlicher Beschaffenheit sei wie das der Hasen, allerdings gemeinhin feuchter, weicher und fetter; es rufe ein melancholisches Temperament hervor. Jacques Dubois, genannt Sylvius, ein in Montpellier ausgebildeter Mediziner und Vorleser des Königs, verfasste zwischen 1542 und 1546 vier kleine Werke über die Nahrung in Notzeiten. Er behauptet, dass „außer den üblichen Tieren auch kleine und junge Hunde, Katzen, Ratten, Füchse, junge Esel, Dachse, Frettchen eine gute Speise abgeben, wenn sie schön fleischig und fett sind“ (vgl. Dupebe 1982, S. 51).

Auch in Deutschland war das Katzenessen zu Beginn der Neuzeit nicht ganz verpönt. Dem Beispiel von Sylvius folgend, veröffentlichte der Arzt Joachim Strupp ein Buch mit dem Titel >Hunger-Anker, oder Neuer Vorratsschrank und Keller in Zeiten von Hungersnot, Missernte und Krieg, wie er nie zuvor im Gespräch war< (1582). Darin ermuntert er seine deutschen Leser, es den Spaniern und Italienern gleichzutun, die sich an schönen fetten Katzen ergötzen. Auch Conrad Gesner vermerkt, dass Katzen so ähnlich schmecken wie Kaninchen und dass sie in verschiedenen Gegenden, vor allem in Spanien, auf dem Speisezettel erscheinen. In Deutschland aber, so versichert er, würde zwar manch einer Wildkatzen essen, niemand aber Hauskatzen.

Tatsächlich findet man eine Reihe von Dokumenten, die belegen, dass sowohl in Italien als auch in Spanien die Katzenfresserei eine übliche Angelegenheit war. In der zweiten Hälfte des 16. Jahrhunderts gibt der italienische Naturforscher Aldrovandi an, dass man Katzenfleisch gesotten oder gebraten essen könne und dass es sogar von Feinschmeckern sehr geschätzt werde: „Die Katze, ärgster Feind der Mäuse, konnte den Fallstricken der Leckermäuligkeit doch nicht entgehen. Manche halten Katzenfleisch für eine köstliche Speise, obwohl das Hirn des Tieres im Ruf steht, giftig zu sein.

Das Fleisch der Katze ähnelt im Geschmack dem des Hasen.“ Er fügt hinzu, dass zu seiner Zeit viele Leute Katzenfleisch äßen, vor allem in bestimmten Regionen Spaniens. Von Ruperto de Nola, Koch des Königs von Neapel und Ende des 15. Jahrhunderts Verfasser des frühesten spanischen Kochbuchs, stammt ein ausführliches Rezept, wie man einen Katzenbraten zubereitet: „Nimm eine fette Katze und schlachte sie. Schneide ihr sodann den Kopf ab und wirf ihn weg, denn man kann ihn nicht essen, sagt man doch, dass derjenige, welcher von ihrem Hirn isst, Gefahr läuft, den Verstand und sein gesundes Urteil zu verlieren. Dann der Katze sehr säuberlich das Fell abziehen, sie aufschneiden und sorgfältig ausnehmen. Danach in ein reines Leinentuch wickeln und in die Erde vergraben, wo sie einen Tag und eine Nacht verharren soll. Dann die Katze herausnehmen, an einen Bratspieß stecken und überm Feuer zu rösten beginnen. Wenn sie anfängt zu braten, muss man sie mit gutem Knoblauch und Öl einreiben und dann mit einer Gerte schlagen, und das muss man tun, bis sie schön gebraten ist, immerzu einreiben und schlagen, und ist sie dann fast durchgebraten, zerteilt man sie wie ein Kaninchen oder Zicklein und richtet sie auf einer großen Platte an und nimmt den Knoblauch und das Öl, die sich vom Braten abgelöst haben, mit einer guten hellen Brühe und gießt das über die Katze; nun kannst du von ihr essen, denn sie ist eine sehr gute Speise“ (zit. nach Fournier 1996, S. 16 f.; vgl. Bobis 2001, S. 74).

Später hat der Kardinal Bernardo de Sandoval y Rojas, zu Beginn des 17. Jahrhunderts Erzbischof von Toledo, ohne irgendwelchen Abscheu versichert, dass Katzenfleisch warm, feucht und leicht verdaulich sei, wenn die Katzen fett seien, und dass man von seinem Genuss dick werde und gutes Blut bekomme (Bernardo de Sandoval y Rojas 1613, S. 158).

Obgleich in all diesen Dokumenten Frankreich unter den Ländern, wo man die Katzenfresserei praktizierte, nicht erwähnt wird, versicherte der Arzt Jean de La Bruyère im 16. Jahrhundert, dass es Leute gebe, die Katzenfleisch für ein delikates Mahl halten. Im Languedoc gab es sogar ein Dorf, dessen Bewohner den Namen „die Katzenesser“ trugen.

Der Name „Dachhase“ für die als Nahrung dienende Katze scheint nach Angaben von Guiseppe Fumagalli (1890) zuerst in Venetien aufgekommen zu sein, wo man sich gerne eine fette Katze zubereitete, deren Verzehr jedoch mit der Exkommunikation bedroht war.

12. Die Katze als Versuchstier

Wegen ihrer physischen Eigenheiten und den daraus resultierenden Verhaltensweisen, vor allem wegen ihrer eigenartigen Sehfähigkeit und wegen ihrer charakteristischen Lautäußerungen war die Katze zu ihrem Unglück schon frühzeitig ein Opfer höchst unterschiedlicher experimenteller Methoden.

Die Augen der Katze

Bereits zu Beginn des achtzehnten Jahrhunderts, als der wissenschaftliche Geist noch in den Kinderschuhen steckte, beschäftigte man sich in der Pariser Akademie der Wissenschaften mit den Augen des Tieres. Ein grausames Experiment dieser Art wird von Diderot in seiner >Enzyklopädie< dargestellt: „Man hat entdeckt, dass, wenn man eine Katze unter Wasser taucht und dann ihren Kopf dreht, so dass ihre Augen, direkt dem Tageslicht ausgesetzt sind, Folgendes geschieht: 1. Trotz des Lichts verkleinert sich die Pupille des Tieres nicht, sondern weitet sich im Gegenteil, und wenn man das lebende Tier aus dem Wasser zieht, verengt sich seine Pupille; 2. man sieht im Wasser deutlich den Augenhintergrund dieses Tieres, den man an der Luft ganz sicher nicht sehen kann" (Diderot u. d'Alembert 1751–1772).

Das Schnurren der Katze

Die Katze schnurrt zum ersten Mal in ihrem Leben, wenn sie saugt, und die Mutter antwortet ihr ebenfalls mit Schnurren. Auch dem Menschen gegenüber schnurrt die Katze, wenn er sie streichelt. Aber das Schnurren ist nicht nur ein Zeichen des Wohlbehagens. Es begleitet hohes Fieber, eine schmerzhafte Wunde, große Angst oder gar Agonie. Wie dieses Schnurren zustande kommt, war eine Frage, mit der sich die Forscher über ein Jahrhundert lang beschäftigt haben. Im 19. Jahrhundert glaubten manche, dass die Stimmbänder vibrieren, andere wiederum meinten, es wäre das Zäpfchen oder das Gaumensegel. 1957 ordnet ein deutscher Tierarzt, Hussel, das Schnurren den echten Stimmbändern zu. Aber weniger als zehn Jahre später entwirft ein amerikanischer Tierarzt, MacCuistion, eine merkwürdige

Kreislauftheorie: Das Schnurren soll in der Wand der unteren Hohlvene entstehen, deren von einem beschleunigten Blutfluss hervorgerufene Schwingung sich in die Bronchien und dann in die Atemwege fortpflanze. 1969 lässt Bernard Denis wieder die Kehlkopfschwingungen Töne produzieren.

Erschütternd sind nicht die unterschiedlichen Ergebnisse dieser Forschungen, sondern vielmehr die Methoden. Denn um die Mechanismen des Schnurrens zu untersuchen, musste man die Katze bei lebendigem Leib zerlegen. MacCuistion öffnete Katzenjungen den Bauch und lauschte, den Finger in den Eingeweiden, ihrem Schnurren. Um den Ursprung dieses Schnurrens zu finden, band Bernard Denis eine Hohlvene der Katze ab, kappte das Gaumensegel, öffnete die Luftröhre und zerschnitt die Stimmbänder. Nach jeder Amputierung schnurrte die Katze weiter. Erst die Durchtrennung gewisser Kehlkopfnerven brachte sie zum Schweigen.

Das „Miau" der Katze

Ganz anders waren die experimentellen Methoden zur Untersuchung der für die Katze so charakteristischen Lautäußerung des „Miau“ in der Tradition von Konrad Lorenz.

Ausgangspunkt dieser Untersuchung waren Überlegungen zur Gestaltwahrnehmung, welche besagen, dass unsere Wahrnehmung auf die Verarbeitung von Mustern spezialisiert ist, die sich in den Umwelten unserer Vorfahren als bedeutsam erwiesen hatten. Die Wahrnehmung anderer Organismen ist sicher an ganz andere Muster in der Umwelt angepasst, Muster, die zum Teil außerhalb des Bereiches der menschlichen Wahrnehmung liegen, wie etwa die Ultraschall-Laute von Mäusen, oder Muster, die für uns nicht auffallend sind und von nebensächlichen Merkmalen überdeckt werden. Hier ergibt sich ein Anwendungsgebiet für eine „künstliche Gestaltwahrnehmung“, die darin besteht, dass bei Tonbandaufnahmen mit automatischer Lautverstärkungskontrolle und anschließender elektronischer Datenverarbeitung eine Feinanalyse komplexer Verhaltensweisen möglich wird, die sonst sich unserer direkten Wahrnehmung entziehen.

In einer solchen Untersuchung haben Wolfgang Schleidt und seine Schülerin Pat McKinley (1982) die Lautäußerungen der Hauskatze analysiert und die konventionelle Klassifizierung mit den Ergebnissen verschiedenster Methoden der „Cluster-Analysen“ verglichen: „Wie erhofft ergab sich für die meisten Lautäußerungen eine sehr gute Übereinstimmung, allerdings mit einer Ausnahme, welche uns viel Kopfzerbrechen bereitete: Von uns als ‘Miau’ klassifizierte Laute wurden entweder dem Mauzen oder dem Jaulen zugeordnet, traten aber in keiner der Analysen als eigene Gruppe hervor. Das heißt also, einen eigenen ‘Cluster’ für ‘Miau’ gibt es nicht. Zunächst vermuteten wir Fehler bei unseren Messungen oder statistischen Methoden. Dann entdeckte aber Pat McKinley, dass man das ‘Miau’ als Zusammensetzung von zwei reinen Mustern, nämlich Mauzen (‘Mi-’) und Jaulen (‘-au’), auffassen muss und die verschiedenen Miau-Formen verschiedenen Anteilen dieser beiden Komponenten entsprechen, aber Übergänge zwischen Mauzen und Jaulen nicht vorkommen. Das ‘Miau’ ist also nicht, wie allgemein angenommen, als Lautäußerung dem Mauzen, Jaulen, Schnurren etc. zuzuordnen, sondern bildet eine eigene ‘Super-Gruppe’. Hier hat die quantitative Analyse die menschliche Gestaltwahrnehmung nicht nur in der Empfindlichkeit, sondern auch in der Objektivität der Aussage übertroffen“ (Schleidt 1984, S. 145 f.).

Die Katze als Elektrisiermaschine

Die Erfindung des ersten Kondensators, der so genannten „Leydener Flasche“, im Jahre 1746, die eigentlich nicht geplant war, sondern auf einen Unfall zurückging, führte zu einer Reihe von kuriosen Experimenten, bei der auch eine Katze eine wichtige Rolle spielte. Die Leydener Flasche besteht aus einer einfachen Wasserflasche, mit der man die sich schnell verflüchtende „elektrische Materie“ speichern konnte. Der holländische Physiker Pieter van Musschenbroek aus Leiden wollte einfach nur aus einer elektrisierten eisernen Röhre, an der eine Flasche Wasser hing, „Funken herauslocken“, indem er mit der rechten Hand die Flasche hielt und die andere in die Nähe der Röhre brachte. Bei der darauf folgenden Entladung erhielt er einen derartig fürchterlichen Schlag, dass er dachte, es wäre aus mit ihm. Die Nachricht von den neuen schrecklichen Erfahrungen mit der Leydener Flasche verbreitete sich durch ganz Europa. Ein brillanter Experimentator am Hofe Ludwigs XV., der Abbé Nollet, der dem Leydener Experiment den Namen gab, wurde von der Pariser Akademie mit der Untersuchung dieser elektrischen Phänomene beauftragt. In seinem Bericht stellte er fest, dass man sogar ein lebendes Tier, in diesem Fall eine Katze, zu einer Elektrisiermaschine machen kann: „Endlich weiß ich von sicherer Hand, dass jemand eine Erschütterung empfunden hat, die der ähnlich ist, welche den Leyden’schen Versuch von anderen unterscheidet, indem die Person mit einer Hand den Rücken einer Katze strich, während dass die andere Hand nicht weit von der Nase des Tieres entfernt war; dieser Erfolg ist selten, dieweil eine zur Elektrizität sehr bequeme Zeit und eine sehr gut zu elektrisierende Katze erforderlich ist; und wenn man die Probe damit machen will, muss man die Katze auf einem seidenen Zeug halten und solche eine gewisse Zeit lang streichen, ehe man den Finger an deren Nase hält“ (Nollet 1766, S. 415).

Frankensteins Katze

Im Vergleich zu dem harmlosen Experiment des französischen Abbé war jedoch das Katzenexperiment des königlich-preußischen Regierungs- und Medizinalrates Karl August Weinhold (1782–1829) eine wahre Horrorgeschichte, die aus dem zur selben Zeit entstandenen berühmten Roman Mary Shelleys hätte stammen können. Weinhold, dieses deutsche Ebenbild Frankensteins, war einer der radikalsten Vertreter der Identität von Elektrizität und Nervenagens und vertrat die Ansicht, dass zum Tode Verurteilte nach ihrer Enthauptung zu „rationalen Versuchen“ zur Erforschung der tierischen Elektrizität verwendet werden sollten (Weinhold 1817, S. 305).

Weinhold war es auch, der radikaler noch als seine viel bekannteren Vorläufer Galvani und Aldini das Gehirn als eine elektrische Batterie auffasste und dies durch folgendes schauerliche Horrorexperiment zu beweisen versuchte: Er bohrte einer Katze am Hinterhaupt eine Öffnung und entnahm mittels eines durch diese Öffnung eingeführten Löffels Groß- und Kleinhirn. Sodann zerstörte er das Rückenmark mit Hilfe einer Schraubensonde, worauf das Tier „alles Leben, alle Sinnesfunktionen, die Bewegung der willkürlichen Muskeln und nach und nach alle Pulsation“ verlor. Als Weinhold hierauf beide Höhlen mit Amalgam von Zink und Silber ausgefüllt hatte, „geriet das Tier zwanzig Minuten lang in solche Lebensspannung, dass es den Kopf hob, die Augen öffnete, einige Zeit starr vor sich hin blickte, in einer kriechenden Stellung zu gehen versuchte, einige Male wieder zusammensank, sich endlich mit sichtbarer Anstrengung erhob, herumhüpfte und dann erschöpft niedersank. Das Schlagen des Herzens und die gesamte Pulsation sowie der Kreislauf waren hierbei bedeutend lebhafter, auch die tierische Wärme hatte sich vollkommen wieder eingestellt“ (zit. nach Neuburger 1897, S. 227; vgl. Oeser 2002, S. 100).

Ein moderner Frankenstein, Dr. José Delgado von der Universität Yale (Connecticut), installierte eine ganze Reihe von Elektroden in das Gehirn einer Katze. Der Tierarzt Fernand Mery liefert darüber einen genauen Bericht: „Die Operation findet unter vollständiger Betäubung statt. Beim Erwachen weiß die Katze nicht, was ihr zugestoßen ist. Die Versuche beginnen erst, wenn alles zur Gänze verheilt ist. Man muss Mitleid mit dieser armen Laboratoriumskatze haben, aber die Zeugen, die bei diesem Versuch anwesend waren, haben festgestellt, dass das Versuchstier keine Anstalten macht, sich dem zu entziehen. Es scheint das Experiment sogar als ein besonderes Interesse an seiner Person zu werten. Von dem Eingriff, den es erlitten hat, weiß es nichts und benimmt sich, als gehorche es einer freundschaftlichen Art von Dressur: Es ist eine Roboter-Katze geworden. An ihrem Hals erkennt man ein schmales Band, auf dem ein Sender mit einem Miniatur-Transistor befestigt ist, nicht größer als ein Zwei-Franc-Stück, aus dem feine Silberfäden ihren Verlauf nehmen, die jeweils mit ganz bestimmten Regionen des Gehirns verbunden sind und sich irgendwo im Fell verlieren. Damit ausgestattet, wird die Katze an einem Standort, der genauso gut im selben Zimmer wie auch Hunderte von Kilometern weit entfernt liegen kann, auf per Funk gesteuerten Befehl hin Durst empfinden (sie hat Wasser oder Milch zur Verfügung) oder das Bedürfnis zu fressen (sie hat die Wahl zwischen allem, was ihr schmeckt) oder sie wird einen Juckreiz spüren, stark oder schwach, worauf sie sich nach Belieben kratzen kann. Man kann sogar je nach Stimulation dieser oder jener vorderen Hirnlappen bei ihr eine überschäumende Zuneigung hervorrufen oder eine aggressive Abneigung und beinahe in derselben Sekunde all diese Zustände wieder ausschalten. Das heißt, dass man nicht nur ganz nach Belieben die Katze dazu zwingen kann, diese oder jene Bewegung auszuführen, sondern man kann auch auf die Entfernung durch das einfache Entsenden eines elektrischen Impulses, der ganz genau ausgerichtet und abgestuft ist, bei ihr (mehr oder weniger bewusst und mehr oder weniger zwingend) den Wunsch hervorrufen, auf eine ganz bestimmte Art zu handeln“ (Mery 1966, S. 156 f.; übers. v. W. Oeser).

Die Katze in der Hirnforschung

Schon lange vor der Anwendung von Elektroden, die in das Gehirn einer Katze eingepflanzt wurden, spielte die Katze in der Geschichte der Hirnforschung eine nicht unbedeutende Rolle.

Obwohl der Hund das häufigste Versuchstier war (vgl. Oeser 2002, 2004), wurden auch manchmal zum Vergleich Katzen für jene grausamen Experimente zur Theorie der Lokalisation der verschiedenen Hirnfunktionen benutzt, die alle mit dem Tod des Versuchstieres endeten. Der französische Arzt Anne Charles Lorry (1726–1783) operierte in der Erkenntnis der größeren Widerstandsfähigkeit junger Tiere an jungen Katzen oder Tauben. Anlass dieser Tierversuche war die Suche nach dem Hirnteil, der die vitalen

Funktionen steuert. Dafür kamen vor allem das Kleinhirn oder das verlängerte Rückenmark in Frage. Um eine Entscheidung darüber treffen zu können, mussten diese Hirnteile verletzt oder gänzlich zerstört werden. Bei der Zerstörung des Kleinhirns starben die jungen Katzen nach 15 Minuten bis zu eineinhalb Stunden. Niemals trat der Tod plötzlich ein (Lorry 1760). Damit war bewiesen, dass das Kleinhirn nicht das lebenswichtige Organ, das Zentrum der nervösen Steuerung der vitalen Funktionen sein kann. Die darauf folgenden Experimente, die Lorry ebenfalls mit Katzen am verlängerten Rückenmark vornahm, lieferten zwar nicht die Antwort auf die Frage nach der Lokalisation des „Lebensknotens", führten aber doch zu einem neuen bisher nicht geahnten Ergebnis: die Entdeckung des im oberen Halsmark liegenden spinalen Respirationszentrums; denn durch einen Stich ins Mark zwischen dem zweiten und dritten Halswirbel hörte das Versuchstier zu atmen auf und verendete unter Zuckungen.

Waren diese Experimente von vornherein darauf angelegt den Tod des Versuchstiers zu veranlassen, so bereitete den Katzen ein anderes Experiment von Lorry unnötige Qualen. Dieses Experiment diente der Entscheidung über die Frage, ob das Gehirn eine Eigenbewegung besitzt oder nicht. Seit der Antike hat man immer wieder an der Fontanelle, dem noch nicht völlig geschlossenen Spalt in der Schädeldecke des Kindes, eine rhythmische Bewegung des Gehirns festgestellt. Auch bei Schädelwunden von Erwachsenen konnte man ebenfalls ein An- und Abschwellen der Hirnmasse entdecken. Obwohl die meisten Beobachter seit der Antike darauf aufmerksam machten, dass diese Bewegung mit dem Pulsschlag zusammenfällt, kam es zu vielen seltsamen Erklärungsversuchen: so z.B. zu der reichlich phantastischen Vorstellung, dass diese Hirnbewegung mit dem Mondwechsel zusammenhängen soll. Andere wiederum nahmen an, dass nicht das Gehirn selbst, sondern die harte Hirnhaut die Bewegung hervorruft. Lorry entfernte daher Teile der harten Hirnhaut vor allem bei jungen Hunden, Katzen und Kaninchen und schnürte diesen Tieren die Luftröhre zu, stopfte ihnen die Nase voll Tabak oder brachte sie zum Schreien oder Erbrechen. In all diesen Fällen ergab sich ein klar erkennbarer Synchronismus der Hirnbewegung mit Pulsschlag und Atmung. Wenn die Atmung gestört oder unterbunden wird, wirkt sich das ebenfalls auf die Hirnbewegung aus. Damit war entschieden, dass das Gehirn keine Eigenbewegung besitzt.

Lorry war aber nur der Vorläufer des berühmten Hirnverstümmlers Marie-Jean-Pierre Flourens (1794–1867), der ja, wie bereits erwähnt (vgl. oben, S. 19 f.), der Ansicht war, dass die Katzen, obwohl sie unsere Häuser bewohnen, nicht zur Gänze gezähmt sind. Flourens war es auch, der mit bisher unübertroffener Grausamkeit daranging, den Katzen stückweise das

Gehirn und damit ihre Seele wegzuschneiden. Von solchen Vivisektionen berichtet er mit dem kalten Blut eines emotionslosen Experimentators, der um des wissenschaftlichen Erfolges willen über Leichen geht: „Diese Katze war während der Abtragung der Wände des Gehirns wütend geworden, kaum hatte man ihr jedoch die beiden Gehirnlappen entfernt, folgte auf den Zorn die Ruhe. Man konnte sie dann noch so sehr reizen, sie stechen, sie verwunden, sie bewegte sich wohl noch, veränderte aber nicht ihren Standort, konnte nicht fliehen und dachte auch gar nicht daran, sich zu verteidigen. So verlieren die Tiere, denen man die Gehirnlappen entfernt hat, nicht nur ihr gesamtes Wahrnehmungsvermögen und ganz allgemein ihre Intelligenz, dieser Eingriff führt sogar zum Verlust der ihnen eigenen Instinkte, die jeder Gattung angeboren sind und an denen jede von ihnen so hartnäckig festhält: Das Huhn pickt nicht mehr, der Maulwurf wühlt nicht mehr, die Katze verhält sich ruhig, sogar wenn man sie reizt, etc. Auf der anderen Seite geht keiner dieser Instinkte verloren und auch die Intelligenz und Wahrnehmungsfähigkeit bleiben erhalten, wenn man das Kleinhirn und die beiden Zwillingshöcker entfernt" (Flourens 1842, S. 130).

Auch an der Entdeckung der Funktion des Kleinhirns als des Zentrums der Bewegungskoordination waren Katzen beteiligt: „Ich machte immer tiefere Einschnitte in das Kleinhirn einer Katze. Das Tier verlor nach und nach seinen Gleichgewichtssinn. Bald blieb ihm nichts mehr übrig als ähnlich einem Betrunkenen hin und her zu taumeln. Und selbst diese Fähigkeit ging ihm schließlich verloren, wie auch jede andere Möglichkeit des Stillstehens oder der regelmäßigen Bewegung. Es bewahrte jedoch all seine Sinne, seine ganze Intelligenz, und seine natürliche Wildheit hatte sich durch die Schmerzen während der Operation dermaßen gesteigert, dass man vor seinen Zähnen und Krallen hätte Angst haben müssen, hätte es sich noch seine Geschicklichkeit und die Genauigkeit der Bewegung bewahrt" (Flourens 1842, S. 138; übers. v. W. Oeser).

Die Katze und die Luftpumpe

Es gab aber auch den denkwürdigen Fall, dass eine Katze den Experimentator überlistete, so dass er seinen grausamen Versuch abbrechen musste. Eine beliebte Tierquälerei, die sich als Folge der Erfindung der Luftpumpe ergab, waren die Experimente zur Untersuchung der Wirkung der Luftverdünnung auf den tierischen Organismus, die nicht selten mit dem Tode des Versuchstieres endeten. So berichtete der Physiker de la Croix folgenden Vorfall, der von der Intelligenz der Katze Zeugnis ablegt und ein großes Publikum in Staunen versetzte: „Eines Tages wollte ich an einem Versuch zeigen, dass wir in hohen Lagen, wo die Luft stark verdünnt ist, uns nur noch sehr langsam bewegen können und nur noch beschränkt leistungsfähig sind. Ich schloss deshalb eine Katze in einen abgeschlossenen Raum und begann mit der Luftpumpe die Luft zu verdünnen. Schon nach wenigen Stößen mit der Pumpe wurde es der Katze übel zu Mute. Sie gewahrte bald, woher die Gefahr kam, setzte eine Pfote auf das Loch und verhinderte so den weiteren Luftabzug. Ich ließ darauf neue Luft in den Raum, und als die Katze dies fühlte, zog sie die Pfote augenblicklich zurück. Sobald ich jedoch wieder Luft auszuziehen begann, verstopfte sie allemal das Abzugsloch. Die Zuschauer klatschten dem Tier Beifall, und ich sah mich genötigt, das Experiment abzubrechen und die Katze herauszulassen“ (zit. nach Damjan u. Schilling 1969, S. 207).

Aber nicht nur für die klassische Physik, sondern auch für die moderne Quantenmechanik war die Katze ein unentbehrliches Versuchstier – allerdings nur in einem Gedankenexperiment, das den theoretischen Physikern einen Weg durch die verschlungenen Wege der Interpretationen des mathematischen Formalismus dieser neuen Grundlagentheorie der Physik weisen sollte. Dieses Experiment sagt natürlich nichts über das Verhalten und das Wesen der Katze selbst aus, genauso wenig wie die mittelalterlichen Hexen- und Teufelskatzengeschichten, sondern vielmehr über die Beziehung des Menschen zu den Katzen, die sogar in die hochgestochenen Gedankengebäude der theoretischen Physiker eindringen und dort ein seltsames Schattendasein führen.

Schrödingers Katze, ein Opfer der Quantenwelt

Der Charakter des Geheimnisvollen und Unheimlichen, das der Katze seit der Pharaonenzeit im alten Ägypten anhaftete und im Mittelalter noch verstärkt worden ist, wo sie gleichsam als Bote aus einer jenseitigen Welt der Teufel, Hexen und Gespenster angesehen wurde, könnte vielleicht der Grund gewesen sein, warum sie auch als imaginäres Objekt von Experimenten in der rätselhaften Gespensterwelt der Quanten auftaucht. Denn im Quantenbereich sind die physikalischen Vorgänge unanschaulich und in vieler Hinsicht anders als das klassische Verhalten von makroskopischen Dingen unserer vertrauten Erfahrungswelt, mit der sich die klassische Physik bisher beschäftigt hat (vgl. Oeser 1999, S.205f.). Die herumschwirrenden Energiequanten, von denen man bis heute nicht weiß, ob sie Wellen oder Teilchen sind, waren so rätselhaft und unverständlich, dass sich Max Born

Abb. 24: Schrödingers Katze (aus Baumann u. Sexl 1984)

in einem Brief an seinen berühmten Kollegen Einstein zu den Worten hin reißen ließ: „Die Quanten sind doch eine hoffnungslose Schweinerei!" (Einstein u. Born 1969, S. 34). Aber nicht die Schweine, sondern die Katzen waren die Opfer der Quantenwelt.

Der berühmte Physiker Erwin Schrödinger, einer der Begründer der Quantenmechanik, die auch heute noch unter Fachleuten als die bisher am genauesten bestätigte, aber auch unverständlichste Theorie in der Geschichte der Physik gilt, war der Erste, der sich folgendes Gedankenexperiment mit einer Katze ausdachte: „Eine Katze wird in eine Stahlkammer gesperrt, zusammen mit folgender Höllenmaschine (die man gegen den direkten Zugriff der Katze sichern muss): In einem Geiger'schen Zählrohr befindet sich eine winzige Menge radioaktiver Substanz, so wenig, dass im Lauf einer Stunde vielleicht eines von den Atomen zerfällt, ebenso wahrscheinlich aber auch keines; geschieht es, so spricht das Zählrohr an und betätigt über ein Relais ein Hämmerchen, das ein Kölbchen mit Blausäure zertrümmert. Hat man dieses ganze System eine Stunde lang sich selbst überlassen, so wird man sich sagen, dass die Katze noch lebt, wenn inzwischen kein Atom zerfallen ist. Der erste Atomzerfall würde sie vergiftet haben. Die Psi-Funktion des ganzen Systems würde das so zum Ausdruck bringen, dass in ihr die lebende und die tote Katze zu gleichen Teilen gemischt oder verschmiert sind" (Schrödinger 1984, S. 107 f.).

Mit diesem Gedankenexperiment mit der zwischen Leben und Tod „verschmierten" Katze wollte Schrödinger, der an den klassischen Forderungen der Objektivierung und anschaulichen, modellhaften Verständlichkeit des Naturgeschehens zeit seines Lebens festgehalten hatte, eigentlich zeigen, dass etwas in den Grundlagen der Quantenmechanik nicht in Ordnung sein könne. Deshalb blieb seine Katze bis zum heutigen Tag eine Herausforderung und ein Ärgernis für seine Physikerkollegen, was am deutlichsten durch die Bemerkung von Stephen Hawking zum Ausdruck kommt: „Wenn ich etwas von Schrödingers Katze höre, greife ich nach meinem Gewehr" (vgl. Barrow u. Tipler 1985, S. 458).

Tatsächlich war aber Schrödingers Katze nicht mehr umzubringen. Sie spielte in den sich nun vervielfältigenden Interpretationen der Quantenmechanik immer wieder eine hervorragende und entscheidende Rolle, wenn es um die anschauliche Verstehbarkeit dieser so unverständlichen Theorie ging. Ein besonderes Beispiel dafür ist die phantastische kosmologische Version der Quantenmechanik, die so genannte „Vielwelten-Theorie". Der grundlegende Gedanke der Vielwelten-Theorie, die 1957 von Hugh Everett entwickelt wurde, besagt, dass sich das ganze Universum jedes Mal, wenn es auf der Quantenebene vor einer Entscheidung steht, in ebenso viele Kopien seiner selbst aufteilt, wie nötig sind, um jede mögliche Wahl zu realisieren. Mit Hilfe von Schrödingers Katzenexperiment konnte auch diese Vorstellung veranschaulicht und damit auch auf ihre Akzeptierbarkeit überprüft werden. Bei Schrödinger gibt es nur zwei Möglichkeiten: Entweder zerfällt das radioaktive Atom und tötet die Katze, oder es zerfällt nicht, und die Katze bleibt am Leben. Nach der üblichen Deutung ist keine der beiden Möglichkeiten „wirklich", solange niemand in die geöffnete Kiste geschaut hat. Bis zu diesem Zeitpunkt befindet sich das gesamte Interieur der Kiste in einer Überlagerung von verschiedenen Zuständen, so dass die unbeobachtete Katze in gewisser Weise weder tot noch lebendig ist. Nach der Vielwelten-Interpretation werden beide Möglichkeiten genau in dem Augenblick, in dem das System mit der Wahl konfrontiert ist, wirklich, allerdings so, dass sich das Universum verdoppelt: In dem einen Universum öffnet der Versuchsleiter die Kiste und entdeckt eine lebende Katze, während in dem anderen der Experimentator eine tote Katze vorfindet. Der Sinn dieser Interpretation liegt darin, dass die Katze vor dem Öffnen der Kiste realiter entweder tot oder lebendig war. Es gab keine geheimnisvolle Überlagerung von Zuständen. Jeder Beobachter glaubt auch, dass er in einem einmaligen Universum lebt. Denn die Bewohner der beiden Universen können unmöglich miteinander kommunizieren (vgl. Gribbin 1996, S. 230).

Das Typische an Schrödingers Katzenexperiment, das zu solchen phantastischen Vorstellungen führte, war jedoch der Umstand, dass eine ursprünglich auf den Atombereich beschränkte Unbestimmtheit sich, wie Schrödinger selbst sagt, „in grobsinnliche Unbestimmtheit" umsetzt, die sich aber immer durch direkte Beobachtung entscheiden lassen muss. Daher kann man nicht ein solches „verwaschenes Modell“ der Überlagerung einer lebenden und toten Katze als ein Abbild der Wirklichkeit ansehen. Denn es ist nicht wie eine Aufnahme von Wolken und Nebelschwaden, sondern viel eher wie eine verwackelte oder unscharf eingestellte Photographie. Diese Unbestimmtheit muss daher auch nach Schrödinger nicht eine wirkliche Verwaschenheit sein. Eine Lösung in diese Richtung liefert das Konzept der „Dekohärenz“. Es beruht auf der Frage, wie viel Kenntnis man von den Positionen oder Freiheitsgraden der Teilchen eines Quantensystems braucht, um seinen Quantenzustand vollständig anzugeben. Der Physiker Thanu Padmanabhan vom Tata Institute in Bombay, der also aus einem Land stammt, das seit jeher, was den Ursprung der Hauskatze anbelangt, mit Ägypten konkurriert, hat sich ausgerechnet, dass schon eine ein Kilo schwere Katze eine so unvorstellbar große Anzahl von Atomen enthält, dass es hoffnungslos wäre, ihren Quantenzustand beschreiben zu wollen. Genau dieser Umstand aber ist der Grund, warum sich ein so großes Quantensystem wie die Katze klassisch verhält: „Denn je größer die Anzahl der von uns ignorierten internen Parameter eines Systems ist, umso klassischer scheint es sich zu verhalten. Aber wenn wir über die experimentellen Mittel zur Messung aller die Katze bestimmenden Parameter verfügten, so würde sich die Katze ebenso quantenmechanisch verhalten wie ein Elektron und tatsächlich in einem Zustand existieren können, in dem sie sowohl lebendig als auch tot ist“ (New Scientist 10. Okt. 1992).

Nach dieser Interpretation hängt der klassische, d.h. der eindeutige Zustand der Katze von unserer subjektiven Einstellung ab, was der Realist Schrödinger nie akzeptiert hätte. Es gibt aber auch einen realistischen Grund, der die arme Katze aus ihrem Schwebezustand zwischen Leben und Tod befreit. Denn alle diese Gedankenexperimente abstrahieren von der realen Umgebung der Katze, die selbst einen höchst realen materiellen Charakter hat und damit auch eine kausale Wirkung auf den Zustand der Katze ausübt und ihn dadurch unabhängig von einem Beobachter auf eine der beiden Möglichkeiten reduziert.

Einsteins Katzenzwillinge

Schrödingers Katze lieferte das eine berühmte Paradoxon der Quantentheorie. Das andere beunruhigte Einstein. Es ging darum, dass zwei quantenmechanische Teilchen, die einmal miteinander in Wechselwirkung gestanden sind, eine „geisterhafte Fernwirkung“ aufeinander ausüben: Wird der Zustand des einen Teilchens gemessen, so verändert sich auch der Zustand des anderen Teilchens, so weit die Teilchen in diesem Augenblick auch voneinander entfernt sein mögen. Wiederum waren Katzen die Versuchstiere dieses Gedankenexperimentes. Diese „Zwillingstöchter von Schrödingers Katze“ (Gribbin 1996, S. 51) werden in zwei Raumkapseln verfrachtet, die zunächst durch eine enge, zu den Kapseln hin sich öffnende Röhre verbunden sind. In der Mitte der Röhre befindet sich eine Kiste mit automatisch herabgleitenden Trennwänden, die ein Elektron enthält. Beide Raumkapseln sind mit der bekannten Höllenmaschine versehen, welche die jeweilige Katze töten wird, sobald das Elektron aus dem Tunnel in die Kapsel eindringt. Die Trennwände werden geöffnet und dann wieder geschlossen und die Raumkapseln voneinander getrennt in die entgegengesetzten Richtungen des Weltalls gesendet. Nach der Quantentheorie befinden sich in beiden Raumkapseln Elektronenwelle, Höllenmaschine und Katze allesamt in einer Überlagerung von Zuständen. Erst in dem Moment, da irgendein fremder Sternbewohner eine der beiden Raumkapseln öffnet und eine tote Katze erblickt, ist auch die andere Katze aus ihrer Überlagerung von Zuständen befreit und wird lebendig. Natürlich ist auch denkbar, dass der fremde Sternbewohner die Kapsel öffnet und eine lebende Katze sieht. In diesem Fall hat dieser Beobachtungsakt das Schicksal der anderen Katze besiegelt (vgl. Gribbin 1996, S. 52).

13. Schöne neue Katzenwelt

Bereits in den neunziger Jahren des vergangenen Jahrhunderts übertrumpfte die Katze in vielen Ländern Westeuropas den Hund als beliebtestes Haustier und erreichte damit eine Stellung, die Katzen in den USA schon seit Jahrzehnten innehaben. Die Erklärung dafür liegt auf der Hand. Die meisten modernen Familien stehen unter Zeitdruck. Wenn beide Eltern arbeiten oder ein allein erziehender Elternteil zahlreiche Anforderungen bewältigen muss, hat ein Haustier, das den ganzen Tag allein gelassen werden kann oder nach Belieben kommt und geht, natürlich große Vorteile gegenüber einem Tier, das mehrmals am Tag ausgeführt werden muss. Außerdem sind moderne Häuser und Gärten in der Regel kleiner und Katzen sind auch mit kleinen Wohnungen zufrieden. Für Kinder sind sie außerdem die ungefährlicheren Haustiere. Hunde haben ja in den letzten Jahren an Beliebtheit eingebüßt. Horrorgeschichten über Hunde, die sich auf die Kinder ihres Besitzers stürzen, Berichte über Infektionen durch Hundekot und Gesetze zur Leinenpflicht und Entsorgung der Hinterlassenschaften der bellenden Vierbeiner haben dazu beigetragen, dass die friedliche, saubere, unabhängige Katze zur beliebteren Alternative wurde. Die Katze wird daher von den in engen Wohnungen lebenden Menschen als das Haustier der Zukunft angesehen, als das lebende Symbol einer schon fernen ursprünglichen Welt. Sie nimmt wenig Platz ein, braucht nicht spazieren geführt zu werden und kann die Wochenenden mit ihrem Trockenfutter und einem Schüsselchen voll Wasser allein verbringen.

Heutzutage gibt es daher auf dieser Welt so viele Katzen wie nie zuvor. Unter diesen Katzen gibt es natürlich auch noch Mäuse- und Rattenfänger, die ihre alten Pflichten als Schädlingsvertilger erfüllen, die große Mehrheit aller domestizierten Katzen besteht allerdings aus arbeitslosen Hauskatzen und frei lebenden ehemaligen Hauskatzen. Mehr noch als bei den Hunden, die auch heutzutage noch wichtige Aufgaben für den Menschen zu erfüllen haben, wie die Blinden- und Lawinenhunde, ist der Wert der Katze für den Menschen ein rein seelischer. Sie ist zu einem vielgeliebten Familienmitglied geworden, das sein ganzes Leben lang umsorgt und verhätschelt wird.

Diese schöne neue Welt der Katzen hat aber auch ihre Schattenseiten. Denn mehr als je zuvor muss sich die Katze an die Abhängigkeit vom Menschen gewöhnen – eine Abhängigkeit, die sogar Zolas verwöhnter Hauskatze, die ihre Freiheit ihrer Bequemlichkeit opferte, zu viel geworden wäre. Es sind vor allem drei Umstände, die aus dem neuen Katzenparadies eine Hölle machen können: die von der Futtermittelindustrie gesteuerte Ernährung, das lebenslange Eingesperrtsein und der Ausstellungsstress.

Die Katzenfutterindustrie

Solange die Hauskatzen auf Mäuse- und Rattenfang ausgingen, war ihre Ernährung kein Problem. Denn Katzen sind geborene Fleischfresser. Wildkatzen ernähren sich ausschließlich von Beutetieren, über die sie auch einen Großteil ihres Wasserbedarfs decken. Jahrhunderte der Domestizierung haben nichts an diesem Nahrungsbedarf der Katzen geändert. Sie brauchen neben Fett bestimmte Nährstoffe, die nur in tierischem Eiweiß enthalten sind. Im Gegensatz zu anderen Säugetieren kann aber der Stoffwechsel der Katze diese lebenswichtigen Bausteine nicht aus anderer Nahrung gewinnen. Das bedeutet, dass das Futter von Katzen sehr viel Protein enthalten muss, etwa doppelt so viel wie das von Hunden. Mindestens ein Drittel des Futters sollte daher aus tierischem Eiweiß bestehen. Daraus holt die Katze ihr Fett, ihre Vitamine und vor allem ihre Proteine. Aus tierischen Muskeln und tierischem Gewebe gewinnt sie auch eine Schwefelverbindung, das Taurin, das unerlässlich für das gute Funktionieren ihrer Netzhaut ist. Die Gesetze der Evolution prägen so den Speisezettel der Katze als fleischfressendes Raubtier, denn die Leber der Nagetiere ist reich an Taurin.

Heutzutage, wo es viele Katzen gibt, die nur im Haus und in der Wohnung gehalten werden und dadurch nie in ihrem Leben eine Maus oder Ratte gesehen haben, hat die Futtermittelindustrie die Jagd nach tierischem Eiweiß für die Katzen übernommen. Denn die Aufgabe, eine ausgewogene Mahlzeit für die Katze herzustellen, die nicht zu viel und nicht zu wenig lebenswichtige Nährstoffe und Vitamine enthält, ist nicht leicht und erfordert auch viel Zeit und Mühe. Hinzu kommt, dass auch das beste Gericht der Katze einmal langweilig wird, wenn es ihr zu oft vorgesetzt wird. Sie erträgt es schlecht, immer das Gleiche zu fressen. Viele Katzen sind sehr wählerisch und können unglaublich stur sein und die Nahrungsaufnahme so lange verweigern, bis sie bekommen, was sie wollen.

Eine ganze Industrie, die Ernährungswissenschaftler, Verhaltensforscher und Köche beschäftigt, hat sich daher der Aufgabe gewidmet, Katzengerichte herzustellen, deren nährende und appetitanregende Qualitäten in langen Versuchsreihen getestet werden. Die meisten Hersteller von Tier-Fertignahrung verfügen über Hunde- und Katzenheime, damit sie ihre Produkte testen können. So gibt es zum Beispiel einen englischen Bauernhof, der in ein Forschungszentrum umgewandelt wurde. Dort speisen dreihundertfünfzig Katzen, umzingelt von Waagen, Videokameras und Köchen in weißen Kitteln. Es handelt sich um die zwanzigste Generation von ausschließlich mit Fertigprodukten ernährten Katzen. Manchmal tischt man ihnen ihre Mahlzeit in einer Dunkelkammer auf, um ihren Geschmack unabhängig von ihrem Gesichtssinn testen zu können. Ihr Blut und ihr Urin werden analysiert, ihr Verhalten wird ständig gefilmt, Temperatur und Feuchtigkeit ihres Käfigs werden sorgfältig aufgezeichnet. Sie gehen täglich zum Wiegen auf eine verchromte Waagschale (vgl. Hue 1984, S. 159).

Wie aber steht es um das Rohmaterial für solche Fertigprodukte? In den fünfziger Jahren sind die amerikanischen Katzen mit Thunfisch aus der Dose gefüttert worden. 1959 haben die französischen Katzen ihr erstes Dosenfutter bekommen, bestehend aus Fleisch und Abfällen, angereichert mit Zwiebeln, Karotten, Lauch, Haferflocken und Reis. Heute verbindet man Thunfisch mit Sardinen, Nieren mit Geflügel, Leber mit Fisch in einem ausgetüftelten Verhältnis von Proteinen, Mineralsalzen und Vitaminen. Aber die Verschiedenartigkeit der Etiketten hat oft kein anderes Ziel, als die Käufer zu locken und eine künstliche Konkurrenz zwischen Produkten desselben Hauses zu schaffen. Das Dosenfutter, das von Verbraucherverbänden und Veterinärbehörden untersucht wird, enthält manchmal zu viel Fett, oder das Verhältnis von Kalzium und Phosphor ist nicht ausgeglichen. Das Trockenfutter, Anfang der sechziger Jahre auf den Markt gekommen, ist sehr stark gesalzen, um die Katze zum Wassertrinken anzuregen. Diese Nahrungsmittel sind jedoch immer noch befriedigender als der Fraß, der manchmal den Hunden vorgesetzt wird.

Die Katze ist ein zu anspruchsvoller Konsument, um sich täuschen zu lassen. Doch auch hier wird die Lage im Konkurrenzkampf der Billiganbieter immer gefährlicher für sie. Denn die gesetzlichen Bestimmungen für Tiernahrung sind für Hund und Katze die gleichen. In Frankreich zum Beispiel erlaubt der Erlass Darrête vom 1. März 1973 die Verwendung der unglaublichsten Rohmaterialien zur Herstellung von Tierfutter, wie zum Beispiel: Fleisch von Föten und infiziertes Fleisch, das von Fieber und Parasitenbefall, Gefäßschäden, Zirrhose, Lungenemphysem, Lebererkrankungen usw. verseucht ist. Außerdem bewilligt dasselbe Dekret die Verwendung von Materialien, die durch anormale Gerüche, ausgenommen Verwesung, und anormale Färbung auffallen und durch chemische oder biologische Substanzen (Östrogene, Antibiotika, Pestizide, Schwermetalle) durchsetzt sind; Hauptsache, sie enthalten nicht mehr als die vom Gesetz zugelassene Menge. Das Dekret erlaubt außerdem die Verwendung von ranzigem Material, das unsachgemäß aufgetaut wurde.

Auf Grund dieser Gesetzeslage, die auch in anderen Ländern Europas ähnlich ist, haben verantwortungsbewusste Veterinärärzte Horrorszenarien entwickelt, die zum Teil, zumindest bei manchen Billigprodukten, durchaus der Realität entsprechen. Nach ihrer Meinung besteht das Fleisch, das in den industriellen Nahrungsmitteln für unsere vierbeinigen Freunde enthalten ist, aus Schlachthausabfällen; darin sind auch von Parasiten durchsetzte Leber, Lunge, Knorpel, Milz, pulverisierte Knochen und andere Organe kranker Tiere, die im Moment der Schlachtung an Fieber, Abszessen, Viren, Tumoren usw. litten. Die Schlachthausabfälle sowie auch die Kadaver der Tiere, die man wegen ihrer schweren Krankheiten hatte töten müssen, werden nicht eingeäschert, sondern von einigen Herstellern von Tier-Büchsennahrung abgeholt. Diese kochen alles zusammen, entziehen das Wasser und reduzieren das Ganze in Fleischmehl, das die Basiskomponente der so geschickt angepriesenen „Leckerbissen“ ist. Oft wird auch Importfleisch unbekannten Ursprungs beigemischt. Was das den Büchsen beigemischte Gemüse anbetrifft, so werden jedes Jahr tonnenweise beschädigte Landwirtschaftsprodukte, die für die menschliche Ernährung nicht mehr verwendet werden dürfen, in „Pasteten“, „Bällchen“ und „Kroketten“ verwandelt. Das Ganze wird vermischt mit Abfällen aus der Öl-, Zucker- oder Bierproduktion: Industrieabfälle, die alle chemischen Substanzen der Reinigung und Raffination enthalten. Auch Kadaver von in Veterinärkliniken verendeten Tieren sind in der Futtermittelproduktion inbegriffen und jede Art von auf Straßen überfahrenen Tieren. Unter den mit gewissen Toleranzgrenzen bewilligten Rohmaterialien sind weiters beispielsweise zugelassen: Blutmehl, Mehl aus Geflügelfedern, verschiedene Fette und Knochenfett, trockene Abfälle aus der Schlachtung von Geflügel, Fleischsud aus einer Mischung von Tierkadavern von verschiedenen Warmblütern, Reste der gepressten Kaffeebohnen, Absud von Gemüseabfällen, Verarbeitungsabfälle der Birnen-, Kartoffel-, Trauben-, Tomatenschnapsherstellung, Saft aus dem Pressen von Fischabfällen und viele weitere Industrieabfälle. Auf diese Weise kommen die entsprechenden Hersteller nicht nur zu billigem, sondern zu geradezu kostenlosem Rohmaterial, das dann als gesunde Nahrung verkauft werden kann: Die Gemüse werden grün gefärbt, die Getreide gelb und das Fleisch, je nachdem, in verschiedenen Nuancen von braun bis beige (vgl. Schär-Manzoli 1996).

Manche Hersteller fassen für die Katzennahrung Wildkaninchen- oder Mäusezubereitungen ins Auge, ohne allzu sehr daran zu glauben. Andere wollen der Nahrung Wurmmittel oder Verhütungsmittel beigeben. Für Jungkatzen ist eine Vitalitätskost vorgesehen, deren Hefezusatz ein lebhaftes, munteres und aufgewecktes Verhalten garantiert. Für Katzen mit der Neigung zum Dickwerden dagegen wird ein kalorienarmes, mit Pflanzenfasern versehenes Futter propagiert. Denn die Hauskatze ist von den verheerenden Auswirkungen eines eingesperrten, häuslichen Lebens bedroht: Die Langeweile macht sie fett. Es genügt nicht mehr, ihren Appetit anzuregen – man muss sie auch noch hindern, zu viel zu fressen.

Lebenslänglich eingesperrt

Zu viele Katzen leben eingesperrt. Kastriert, mit gestutzten Krallen, herausgeputzt und dressiert sitzen sie in einer gepolsterten Falle. Seit Anfang des 20. Jahrhunderts wird die Kastration allgemein praktiziert. Im Jahre 1901 kann man in der Zeitschrift >Fur and Feather< (Fell und Feder), der Bibel der britischen Züchter, lesen, dass die kastrierte Hauskatze ein „Muster an Vollkommenheit" ist. Kater kastrieren zählte damals zu den kleinen Straßengewerben. Die Operation ging ohne Betäubung vonstatten. Der Körper des Katers wurde in einen Sack oder ein Ofenrohr gesteckt und mit einer Fadenschlinge wurden dann die Samenstränge am Ende des Hodensacks abgebunden. Auch die lästigen Krallen der Katze wurden nicht verschont. Eine 1977 erschienene tiermedizinische Arbeit >Contribution à l'étude de l'amputation des griffes du chat< stellte fest, dass, „ein Katzenpaar im Lauf eines durchschnittlichen Lebens von vierzehn Jahren seine Besitzer mindestens zwei Sessel, drei Paar Vorhänge und einen neuen Anstrich der Wände kostet". Deswegen rät der Autor dieser Arbeit, Patrick Haegeli, zum Amputieren der Krallen sowie des dritten Zehenglieds, damit jedes Nachwachsen verhindert wird. Die Operation, die auf einem tiermedizinischen Kongress schamhaft „Samtpfötchen" getauft wurde, geht in den Vereinigten Staaten oft mit der Kastration Hand in Hand. Ihre Befürworter behaupten, die Reflexe der Katze blieben intakt. Sie versuche sogar, Sessel und Vorhänge mit ihren verstümmelten Pfoten zu bearbeiten, die dann an den Gegenständen abgleiten, als wären sie mit einem unsichtbaren Schutzlack überzogen (vgl. Hue 1984, S. 166).

Damit sie zu ordentlichen Mitbewohnern werden, müssen die auf diese Weise verschnittenen und zurechtgestutzten Katzen aber dann noch einer strengen Dressur unterworfen werden. So stellt zum Beispiel in New York ein auf solche Dressuren spezialisiertes Ehepaar, Jo und Paul Loeb, in seinem Buch >Katzen ohne Probleme< Erziehungsmethoden dar, wie man der Katze beibringen kann, die Pfote zu geben, auf ihren Namen zu hören,

Männchen zu machen, die Mäusejagd aufzugeben und Sofas und Grünpflanzen zu verschonen. Die Stromkabel werden mit einer scharfen Beize bestrichen, damit die Katze sie nicht anknabbert. Alufolie schützt die Beine der Möbel. Explosive Bällchen oder irgendwelche bitter schmeckenden Stoffe umgeben die Blumentöpfe. Bei der kleinsten Dummheit warnen jäh zu Boden geworfene Schlüsselbunde oder Zeitungen die Katze davor, sie zu wiederholen. Obendrein bekommt sie zahlreiche Gläser Wasser ins Gesicht. Wenn sie ihre Notdurft verrichtet, putzt man sie ab.

Das Glanzstück dieser Dressur besteht aber darin, dass die Katze wie alle anderen Familienmitglieder die gemeinsame Toilette benutzen kann. Das zu lernen war nicht leicht. Für die ersten Versuche diente eine Klobrille, die auf der Streukiste angebracht war. Dann wurde dieser improvisierte Klosettsitz auf einen immer höheren Stapel von Telephonbüchern gehievt. Die Katze hat sich auf diese Weise geübt, auf dem Brillenrand ihr Gleichgewicht zu halten. Dann wurde die falsche Brille auf das richtige WC gelegt, und schließlich ging alles von allein. Das Tier erleichtert sich, auf der Klobrille hockend, mit konzentrierter Miene, den Blick starr und leer, als versuchte es, eine Verstopfung zu besiegen. Jo und Paul Loeb geben die Hoffnung nicht auf, dass die so trainierte Katze eines Tages auch die Wasserspülung ziehen kann: Sie raten, ein Säckchen Baldrian an der Kette zu befestigen (vgl. Hue 1984, S. 164).

Der Ausstellungsstress

Schon Darwin hatte ja die Auffassung vertreten, dass bei Anwendung der Zuchtwahl auf Katzen viele Rassen entstehen könnten, „denn die Variabilität, von der man ausgehen müsste, ist groß“ (Darwin 1878, S. 49). Genau diese Ansicht führte dazu, dass wenige Jahre nach dem Erscheinen des Werkes von Darwin über die >Veränderung der Arten durch Domestikation< ein Zeitgenosse Darwins, Harrison Weir, 1871 die erste Katzenausstellung ins Leben rief. Sein Ziel war es, „der viel zu oft verachteten Katze zu Aufmerksamkeit und guter Behandlung“ zu verhelfen, „wie sie jedes einfache Tier nach den Prinzipien der Humanität verdient hat“ (Weir 1889). Er war der Meinung, dass „wenn die verschiedenen Rassen, Farben und Markierungen sorgfältig beachtet und bewahrt werden, die Katze für ihren Besitzer an Schönheit und Attraktivität“ wie nie zuvor gewinnt. Doch die darauf folgende Extremzüchtung von Ausstellungsrassen führte auch zu ernsthaften genetischen Defekten wie der überschlanke zerbrechliche Körperbau der Siamkatze und das extrem flache Gesicht der Perserkatze. Schon zwanzig Jahre später musste Harrison Weir voller Trauer über die Mitglieder der von ihm begründeten Katzenzuchtorganisationen bekennen: „Ich musste erfahren, dass die Absichten vieler Mitglieder nicht darin bestanden, das Wohlergehen der Katzen zu fördern, vielmehr wollten sie Preise gewinnen. Ich habe das Richten von Katzen aufgegeben, weil ich einfach nicht länger in engem Kontakt mit derartigen Katzenliebhabern stehen wollte" (Weir 1889; vgl. Tabor 1996, S. 172 f.).

Die Londoner Ausstellung lockte tausende von Katzenliebhabern an, und viele von ihnen riefen anschließend in ihrer Heimat ähnliche Veranstaltungen ins Leben. Von Anfang an bemühte man sich dabei, neben den exotischen Edelrassen in gewissem Rahmen auch gewöhnliche Hauskatzen zu berücksichtigen. Bei einigen Ausstellungen gab es sogar die Klasse „Katzen, die Arbeitern gehören", für die niedrigere Meldegebühren, aber auch geringere Preisgelder ausgeschrieben waren.

Die Vorschriften der Katzenzuchtorganisationen für ihre Ausstellungen sind sehr verschieden. Die weltweit älteste Katzenzuchtorganisation, die anlässlich der Katzenausstellung vom Jahre 1871 in Großbritannien gegründet wurde, fordert totale Anonymität und lässt als einziges individuelles Merkmal nur ein Schild mit der Käfignummer zu. Die Käfige dürfen nicht dekoriert werden und das gesamte Zubehör wie Wasser- und Futternapf, Katzenklo und Schlafdecke muss weiß sein. Hält sich ein Züchter nicht daran, wird die Katze vom Richter einfach übergangen (vgl. dazu und zum Folgenden Pollard 2003, S. 146 ff.).

Diese Anonymität ist bei Ausstellungen von anderen Verbänden nicht erforderlich, denn die Richter bekommen die individuellen Käfige gar nicht erst zu Gesicht. Bevor das Richten beginnt, werden alle Katzen in speziellen Käfigen zur Bewertung gebracht, sodass ihre eigenen, in der übrigen Zeit benutzten Behausungen nach Belieben dekoriert und die Besitzer erkennbar sein dürfen. Viele Halter machen sich enorme Mühe, um einen ansprechenden Rahmen zu schaffen, in dem ihr Tier besonders gut zur Geltung kommt. So werden etwa Vorhänge, die zum Farbschlag passen, Fotos der Eltern des Tieres, bereits gewonnene Schleifen und dergleichen aufgehängt oder farblich abgestimmtes Zubehör ausgewählt.

Die eigentliche Ausstellungsvorbereitung beginnt aber schon rund vier Wochen vor dem Termin.

Viele preisgekrönte Zuchtkatzen werden aus verständlichen Gründen ausschließlich im Haus gehalten. Für sie muss eine Art Sportprogramm erarbeitet werden, damit sie sich genügend bewegen und nicht übergewichtig werden. Ein durchdachtes Training muss dann zunächst dafür sorgen, dass die Aufenthalte im Transportkorb und Ausstellungskäfig von der Katze erduldet werden. Dann erfolgt das eigentliche Herausputzen der Katze für die Ausstellung. Bei Langhaarkatzen mit Auslauf ist es fast unmöglich, das Fell in Ausstellungsform zu halten. Die Katze muss daher vorab mit „Probeläufen" allmählich an die intensive Fellpflege herangeführt werden. Denn die Fellpflege bei einer Ausstellungskatze ist erheblich zeitaufwendiger und sorgfältiger als bei einer schlichten Hauskatze.

Das Fell wird zunächst mit einem feinzinkigen Kamm ausgekämmt und dabei auf Schuppen und Parasiten geprüft. Anschließend wird es gebürstet, vorzugsweise mit Naturborsten. Bei Langhaarkatzen muss die Halskrause stets nach oben gebürstet werden, sodass sie das Gesicht einrahmt. Knoten im Fell müssen vorsichtig ausgezupft werden. Bei Kurzhaarkatzen erhält das Fell durch Abreiben mit Seide oder Wildleder schönen Glanz. All dies sollte möglichst schonend erfolgen, vielleicht begleitet von leisen, beruhigenden Worten, damit die Katze die Fellpflege als angenehm empfindet. Manche Katzen müssen besonders vorsichtig behandelt werden, da ihr Fell nach allzu energischem Kämmen kahle Stellen aufweisen kann. Fachleute raten hier zu einer Babybürste mit kurzen, weichen Borsten. Schon frühzeitig, also rund zwei bis drei Wochen vor der Ausstellung sollen die Krallen geprüft und nötigenfalls beschnitten werden. Dazu benötigt man eine zweite Person zum Festhalten sowie spezielle Werkzeuge und viel Erfahrung. Vier bis fünf Tage vor der Ausstellung werden Langhaarkatzen gebadet, Kurzhaarkatzen erhalten eine Kleieabreibung. Das funktioniert meist nur, wenn die Katze von Kindesbeinen an daran gewöhnt ist.

Der Tag der Ausstellung bedeutet für die Katzen viel Stress. Erfahrene Ausstellungskatzen nehmen zwar den Trubel gelassen hin, zeigen aber weder Begeisterung noch Unwillen. Nicht jede Katze verträgt den Ausstellungsrummel und die damit verbundenen Unannehmlichkeiten. Manche hassen das Baden und intensive Kämmen. Andere fahren nicht gerne Auto oder verabscheuen die Atmosphäre in der Halle. Bei der Beurteilung durch die Preisrichter muss die Katze sich von fremden Menschen anfassen lassen, die professionell und sicher mit ihr umgehen. Während die Katze von normalen Besuchern meist nur vorsichtiges Streicheln kennt, verbindet sie das feste Zupacken der Richter vermutlich mit Tierarztbesuchen oder anderen unangenehmen Erlebnissen. Wenn aber eine Katze auf die Begutachtung nervös reagiert oder im Extremfall sogar beißt oder kratzt, kann das für manchen Richter ein Grund für die Disqualifikation sein.

Zehn Jahre nach der englischen Katzenausstellung organisierten die Amerikaner ihren ersten Katzenwettbewerb im Bunnel's Museum von New York, die Belgier folgten 1891 mit ihrer Ausstellung in den modernen Salons der Flämischen Brauerei in Brüssel, und 1896 beginnen in Paris die Katzenausstellungen. Heutzutage gibt es in der Welt jedes Jahr unzählige Katzenausstellungen. Abgesehen von den drei Sommermonaten, bietet jedes Wochenende seinen Wettbewerb. Eine englische Preisrichterin, Mrs. Penelope Bydlins, hat in einem Jahr fast zehntausend Kilometer zurückgelegt, um in Genf, Straßburg, Wien, Berlin, Bonn, Neuchâtel, Düsseldorf und Zürich ihres Amtes zu walten (vgl. Hue 1984, S. 179). In England geht der Konkurrenzwahn so weit, dass ein höchster Wettbewerb, der seit 1976 einmal jährlich stattfindet, alle prämierten Tiere einander gegenüberstellt. Der Meistertitel wird durch eine Häufung von Auszeichnungen erworben: Drei „Zeugnisse über die Eignung zur Meisterschaft" reichen zur Erlangung des Meistertitels und drei weitere „Zeugnisse über die Eignung für den internationalen Schönheitswettbewerb" zur Erlangung des Weltmeistertitels. Kein Wunder, dass sich der Begründer dieser Ausstellungen, Harrison Weir, aus diesem Geschäft sehr bald zurückgezogen hat.

14. Die Seele der Katze

Die meisten Katzenliebhaber wollen, dass ihre Lieblinge mit ihrem Schicksal nicht nur zufrieden, sondern dass sie auch glücklich sind. Doch was macht eine Katze glücklich? Diese Frage nach dem Glück der Katzen ist keineswegs trivial, weder auf pragmatischer noch auf philosophischer Ebene. Sie zu beantworten bedarf es schon eines Psychoanalytikers der Katzenseele, der das Gefühlsleben der Katze nicht vermenschlicht, aber ihr trotzdem eine eigene von uns verschiedene Seele zubilligt. Ein solcher Psychoanalytiker, nämlich Jeffrey Moussaieff Masson, hat kürzlich seine Einsichten aus dem Zusammenleben mit fünf Katzen dargestellt. Er wäre kein wahrer Psychoanalytiker, wenn er nicht selbst für sein eigenes Gefühlsleben eine Lehre gezogen hätte. So schreibt er am Schluss seiner Betrachtungen über die Katzenseele: „Durch meine Katzen habe ich gelernt, mit dem Augenblick zufrieden zu sein. Nicht das Gestern zählt, nicht das Morgen, nur der Zauber des Heute, jedes einzelnen Augenblicks. Kein Bedauern, keine Reue, keine Sehnsucht. Einzig wichtig ist das Hier und Jetzt" (Masson 2003, S. 251).

Zufriedenheit

Genau das scheint die Grundstimmung einer zufriedenen Katze zu sein. Diese Zufriedenheit der Katzen ähnelt zwar unserer menschlichen Zufriedenheit, ist aber doch tiefer und dauerhafter. Sie scheinen nicht an die Zukunft zu denken, nicht einmal an die unmittelbare. Sie sind zwar wachsam gegenüber Gefahren, aber sie warten nicht voller Sorge auf Katastrophen oder gar auf den Tod. Sie blicken auch nicht reue- oder schuldvoll zurück und fragen sich nicht, was wohl geschehen wäre, wenn sie sich anders verhalten hätten, als sie es tatsächlich taten. Es ist eine sehr natürliche Form der Zufriedenheit, eine Mischung aus Friedfertigkeit, Ruhe, Sicherheit und sonniger Faulheit, die so natürlich ist, dass sie manchmal wirkt, als fände sie auf einer höheren Ebene statt (vgl. Masson 2003, S. 99).

Kann eine Katze auch unglücklich sein, wenn ein ihr befreundetes Lebewesen, ob Mensch oder Tier, krank, verletzt oder gar tot ist? Viele Geschichten und Anekdoten aus der langen Geschichte der Mensch-Katzen-Beziehung weisen darauf hin, dass es so etwas tatsächlich gibt. Trotzdem kann man auch berechtigte Zweifel haben, ob Katzen jene lobenswerte Eigenschaft des Mitleids überhaupt zukommt, wie wir Menschen oder auch Hunde sie besitzen. Wenn Katzen stundenlang vor einem wunden Bein oder verletzten Arm oder auf dem Bett eines Sterbenden sitzen und schnurren, ist es vielleicht nur Neugier oder Interesse an einer neuen Situation, die sie nicht aus der zufriedenen Ruhe reißt. Das gilt auch für sie selbst und ihr eigenes Leben. Wie manche Tierärzte berichten, schnurren Katzen sogar häufig, wenn sie eingeschläfert werden sollen. Sie haben keine Angst. Aber ihre Zufriedenheit ist mehr als bloßes Fehlen von Angst. „Katzen empfinden die Zufriedenheit nicht nur“, sagt der Psychoanalytiker, „sie strahlen sie auch aus. Wir können nicht mit einer zufriedenen Katze zusammen sein, ohne dass diese Zufriedenheit auf uns abfärbt. Mit Sicherheit ist dies einer der Gründe dafür, dass wir Katzen mögen. Wissenschaftler haben festgestellt, dass es den Blutdruck senkt, wenn man eine schnurrende Katze streichelt“ (Masson 2003, S. 84).

Dass es viele Menschen gibt, die Katzen lieben, ist kein Wunder, denn wir haben sie ja zu unserem Nutzen und zu unserer Freude gezähmt, soweit das überhaupt möglich ist. Aber lieben uns die Katzen oder brauchen sie uns eigentlich? Die Antwort des Psychoanalytikers betrifft viel mehr die Menschen- als die Katzenseele: „Die Vorstellung, dass Katzen auch ohne uns zufrieden sind, verletzt unsere Eitelkeit so, dass wir sie nach dem Grade ihrer Freundlichkeit zu uns Menschen beurteilen. … Ihre Zufriedenheit hängt möglicherweise überhaupt nicht von ihrer Beziehung zu uns ab. Wir meinen dagegen, es sei eine Grundvoraussetzung für ihr Glück. Doch das würde bedeuten, dass wild lebende Katzen per se nicht zufrieden sein können – eine ziemlich absurde Vorstellung. Menschen, die Katzen nicht mögen, argumentieren ja immer, dass Katzen auch ohne uns vollkommen zufrieden seien. Das mag wohl stimmen, heißt aber noch lange nicht, dass wir nicht auch Anteil an ihrer Zufriedenheit haben“ (Masson 2003, S. 98).

Welchen Anteil an Glück und Zufriedenheit der Katze können wir Menschen aber haben? Das heutige Katzenparadies mit seinen dunklen Seiten zeigt, dass diese Frage trotz der abertausend Katzenratgeber-Bücher keineswegs gelöst ist. Es ist zwar eine mehrfach statistisch belegbare Tatsache, dass lebenslang gefütterte und eingesperrte Hauskatzen viel länger leben als „Freigänger“ und verwilderte Katzen. Aber sind sie deswegen glücklicher? Die Meinung darüber ist bei den Katzenexperten geteilt. Die einen glauben, dass Katzen, die immer im Haus oder in der Wohnung gehalten werden, auch glücklicher sind, weil ihnen viel Leid, Krankheit und früher Tod erspart geblieben ist. Andere wiederum halten diesen Freiheitsentzug für ein Verbrechen. Denn Katzen sind dazu geboren, ihre Nahrung zu erjagen, auf

Bäume zu klettern, in der Sonne zu liegen und im nächtlichen Dunkel ihr Revier zu erkunden, auf Liebesabenteuer auszugehen und mit Rivalen zu kämpfen. Ihre Sehnsucht nach Freiheit verlieren sie nie, selbst dann, wenn sie diese Freiheit nie gekannt haben. Dass sie ihre Freiheit vermissen, zeigt sich daran, dass sie jede Gelegenheit benützen, um aus ihrem „goldenen Käfig" zu entwischen. Wenn es sich bei diesem Käfig um eine Stadtwohnung handelt, ist jedoch das Leben in Freiheit meist sehr kurz. Denn ihre ausgezeichneten Fähigkeiten zu überleben sind nicht dem Straßenverkehr angepasst.

Orientierungssinn

Doch eine andere Fähigkeit zeichnet sie mehr als jedes Lebewesen auf dieser Erde aus. Es ist ihr unglaublicher Orientierungssinn, der sie befähigt, unter den unwahrscheinlichsten Bedingungen heimzufinden. Der französische Tierarzt Fernand Mery hat eine Reihe von Fällen gesammelt, die von glaubwürdigen Zeugen berichtet wurden: „Pompon, die siamesische Katze des Herrn Joseph Villet, kehrt, nachdem er sie seinem Bruder, der in Tours wohnt, anvertraut hat, einen Monat später zu ihm nach Limoges zurück und nimmt dort ganz einfach wieder ihren Platz am häuslichen Herd ein. Moumousse, die man durch ein Missgeschick während eines Urlaubes im Departement Maine-et-Loire verloren hat, marschiert der Loire entlang, durchquert Tours, Blois, Orléans, schlägt sich bis Auxerre durch, erreicht nacheinander Dijon, Besançon und Montbelliard, um schließlich seine Herrschaften, Herrn und Frau Chirade, zehn Monate später in Exincourt wieder zu treffen: zurückgelegte Wegstrecke: ungefähr 750 Kilometer! Der Kater Mylord, der sich beim Herumtollen an der Côte d'Azur (Cap-Martin) verlaufen hat, findet da unten viel zu spät die für die Weihnachtszeit gemietete Villa wieder und macht sich auf den Weg, um endlich zu Ostern bei der einzutreffen, die er liebt, bei Frau Voindrot in Saint-Jean-de-Vaux (Saône-et-Loire)" (Mery 1966, S. 155; übers. v. W. Oeser).

Nichts kann eine Katze, die heimkehren will, verwirren; nicht einmal die Methode mit dem herumgewirbelten Sack, die früher auf dem Land praktiziert wurde, um die Katze zu betäuben und ihr jede Chance zur Rückkehr zu nehmen. 1922 fährt ein amerikanischer Forscher, F. H. Herrick, eine Katze im Ruderboot auf einem See in Wisconsin spazieren. Er beobachtet, dass das Tier, über das eine Decke gebreitet ist, damit es nicht sehen kann, immer den seinem Haus geographisch nächsten Platz einnimmt. Wieder an Land, fährt der Forscher mit einer anderen Katze, die leicht anästhesiert in einem Sack steckt, im Auto einen kurvenreichen, verschlungenen Irrweg.

Sechsmal freigelassen, kehrt die Katze sechsmal wieder nach Hause zurück. Sie legt eineinhalb Kilometer in acht Stunden zurück, drei Kilometer in zehn Stunden und fast fünf Kilometer in achtundsiebzig Stunden. Beim siebten Versuch wird das Tier über fünfundzwanzig Kilometer von seinem Heim losgelassen. Diesmal kehrt sie nicht mehr zurück. Nach anderen, in den fünfziger Jahren des 20. Jahrhunderts in Deutschland durchgeführten Experimenten soll der Orientierungssinn der Katze ab einer Distanz von zwölf Kilometern nachlassen (Hue 1984, S. 154 f.).

Deutsche Forscher waren es auch, die sich folgendes aufschlussreiches Experiment ausgedacht hatten: „Sie haben mehrere Katzen, in Schachteln eingeschlossen, weit von ihrem Wohnort entfernt in Gegenden gebracht, in die sie noch nie gekommen waren. Die Katzen wurden in der Mitte eines Labyrinths freigelassen, dessen vierundzwanzig Ausgänge in alle Richtungen in die freie Natur führten. Trotz dieser Umstände, die man ihnen mit der Absicht bereitet hatte, sie in die Irre zu führen, liefen acht von zehn Katzen auf Anhieb zu dem Ausgang, der in der Richtung ihres Wohnortes lag" (Mery 1966, S. 155; übers. v. W. Oeser).

Die moderne Verhaltensforschung hat jedoch für diese angeblich telepathische Fähigkeit einer „mentalen Fährtensuche" eine ganz einfache Erklärung: „Die Welt ist voll streunender Katzen, und viele von ihnen sind auf der Suche nach einem neuen Heim. Jeder, der ohne Katze in einem Haus lebt, wird mit großer Wahrscheinlichkeit früher oder später einmal von einer streunenden Katze besucht. Es gibt nur eine bestimmte Anzahl verschiedener Fellfarben und -zeichnungen bei Hauskatzen. Wenn die Familienkatze also eine Tabby war oder eine Schwarze mit einem weißen Fleck auf der Brust, so ist durchaus zu verstehen, dass die ehemaligen Halter eines solchen Tieres in der beschriebenen Situation tatsächlich glauben, ihr lange verloren geglaubter Freund habe endlich seinen Weg nach Hause gefunden" (Morris 2000, S. 196).

Gegen diese vielleicht allzu einfache Erklärung spricht jedoch die gut dokumentierte Geschichte der Katze von New York. Diese kleine Katze gehörte einem Tierarzt, dem man eine Stelle in Kalifornien angeboten hatte und der sich entschloss, seine Katze zurückzulassen. Die Zeit verging, als eines Morgens, fünf Monate später, die Katze in der neuen Behausung ihres Herrn auftauchte. Sie spazierte seelenruhig in das Haus hinein, sprang auf den vertrauten Lehnsessel, der so lange ihr Lager gewesen war, legte sich dort gemütlich zurecht und schlief ein. Der Tierarzt wollte zuerst seinen Augen nicht trauen. Zwischen dem Staat Kalifornien und dem Staat New York liegt in gerader Linie eine Distanz von 3500 Kilometern, das ist ungefähr die Strecke von Paris nach Ankara. Aber die Katze, die da aufgetaucht war und sich so verhielt, als wäre sie hier zu Hause, hatte genau dasselbe Fell, dieselbe Größe und denselben Blick wie die, welche er in New York zurücklassen musste. Der Tierarzt erinnerte sich außerdem noch an eine ganz bestimmte Einzelheit. Infolge einer Verwundung, die ungefähr zwei Jahre zurücklag, hatte sich eine deutliche Verknöcherung am vierten Rückenwirbel gebildet, die man leicht mit der Hand ertasten konnte. Und auch diese deutlich wahrnehmbare Missbildung war da (vgl. Mery 1966, S. 155). Das Besondere an dieser Geschichte ist die Tatsache, dass die Katze nicht zu einem ihr vertrauten Ort zurückfindet, sondern das neue Haus ihres Besitzers findet, dass ihr also in diesem Fall der ihr vertraute Mensch wichtiger war als das Haus, in dem sie bisher gelebt hatte.

Fest steht jedenfalls, dass diese Fähigkeit immer wieder zu dem vertrauten Ort zurückzufinden mit einer aus der Entwicklungsgeschichte der Katze erklärbaren Anhänglichkeit an ein bestimmtes Revier zusammenhängt. Als solitär lebende Spezies ist das Gebiet, das sie kennt und in dem sie in Sicherheit leben kann, wichtiger als die eigenen Artgenossen oder Menschen. Eine Ausnahme bildet die allgemein bekannte und über die Jahrhunderte hinweg immer wieder dokumentierte Mutterliebe der Katze zu ihren Jungen. Es scheint, als ob sich alle Liebe und aller Altruismus allein auf dieses Verhältnis konzentrieren.

Anhänglichkeit und Fürsorge

Dass diese Mutterliebe und Fürsorge nicht bloß eine sentimentale Phantasie aus alten Zeiten ist, zeigt die Geschichte der Kalikokatze Scarlett: Am 29. März 1996 brannte eine leer stehende Garage ab. Einer der Feuerwehrmänner entdeckte drei Katzenjungen, die in einer Reihe im Gras lagen. Ein Stück weiter fand er noch zwei. Wieder ein paar Meter weiter lag die junge Mutter. Ihre inneren Augenlider waren geschwollen, ihre Haut schwer verbrannt, ein Teil ihres Fells gänzlich abgesengt ebenso wie ihre Ballen an den Pfoten sowie Zitzen und Ohren. Die Straßenkatze war fünfmal in die Flammen zurückgekehrt und über heiße Glut gelaufen, um ihre Jungen eins nach dem anderen zu retten. Als der Feuerwehrmann sie zu den Kleinen in eine Schachtel setzte, begann sie erleichtert zu schnurren. Beim Tierarzt angekommen wurde sie zunächst zusammen mit ihren Kätzchen in eine Sauerstoffkammer gesetzt. Dort zählte sie ihre Jungen zuallererst mit der Nase, schleckte sie dann eins nach dem anderen ab und rollte sich schließlich auf die Seite, damit sie trinken konnten. Scarlett überlebte das Unglück ebenso wie vier ihrer fünf Jungen (Martin u. Suares 1997; vgl. Masson 2003, S. 75 f.).

Diese mütterliche Hingabe bei einem nichtmenschlichen Wesen steht im grellen Kontrast zum Verhalten des Menschen. Bedenkt man, dass viele Verhaltensforscher, wie Leyhausen, die Anhänglichkeit der Katzen an den Menschen auf das Zutrauen der Jungen an die Mutter zurückführen, dann liefert die folgende wahre Geschichte ein Beispiel seelischer Grausamkeit, das selbst die aus religiösem Wahn veranstalteten Katzenverbrennungen des Mittelalters übersteigt: Eine befreundete Tierärztin erzählte dem schon genannten Psychotherapeuten und Katzenbuchautor Masson von einer Frau, die eines Tages in die Praxis kam, um ihre Katze einschläfern zu lassen – mit der unglaublichen Begründung, sie gebe am Abend eine Dinnerparty und wolle nicht, dass das Tier auf den Tisch springe. Die Tierärztin nahm die Katze, schläferte sie aber natürlich nicht ein, sondern gab sie einer neuen Familie, knapp zwanzig Kilometer entfernt. Zwei Wochen später kam die Frau wieder in die Praxis, um sich zu beschweren. Sie habe fürs Einschläfern bezahlt, aber als sie heute Morgen die Eingangstür geöffnet habe, habe die Katze auf dem Treppenabsatz gesessen und wollte ins Haus gelassen werden, als wäre nichts gewesen. Die Tierärztin dachte, die Frau wollte sich bei ihr bedanken, weil sie ihr vor Augen geführt hatte, wie falsch ihre Entscheidung gewesen war. Das Gegenteil war der Fall: Sie verlangte, dass ihr Auftrag diesmal korrekt ausgeführt werden sollte. Aber auch zum zweiten Mal wurde die Katze bei einer guten Familie, aber wesentlich weiter weg, untergebracht. Diesmal blieb die Katze. Das Tier war beim ersten Mal an den Ort heimgekehrt, wo es sich sicher und am wenigsten verwundbar gefühlt hat. Schließlich übersteigt es die geistigen Fähigkeiten einer Katze, sich vorzustellen, zu welch ruchlosen Plänen ein Mensch fähig sein kann. Die Katze ging davon aus, ja sie musste davon ausgehen, dass das Leben in diesem Heim sicher war. Sie konnte nicht wissen, dass sie einen schrecklichen Fehler begangen hatte.

Soziales Verhalten

Mindestens 4,5 Millionen Hauskatzen, die verwilderten Katzen nicht mitgerechnet, kommen in den USA jährlich in Tierheime. Davon werden fast vier Millionen getötet. Die Angaben beziehen sich nur auf die USA, weil die Zahlen des globalen Katzengenozids schlicht nicht ermittelbar sind (vgl. Masson 2003, S.118). Das Anwachsen der Katzenpopulation in der ganzen Welt ist natürlich die Kehrseite des sagenhaften Aufstiegs der Katze in der Gunst des Menschen in den letzten zwei Jahrhunderten. Umso mehr stellt sich daher die Frage nach der sozialen Organisation und dem Verhalten der erwachsenen Katzen bei großer Populationsdichte. Auch dafür gibt es bereits aufschlussreiche Untersuchungen vor allem von dem Katzenexperten Leyhausen, die weit über das Berichten von Anekdoten hinausgehen (Lorenz u. Leyhausen 1968, S. 142 ff.).

Leyhausen unterscheidet beim Wohnort der Katzen ein „Heim erster Ordnung“ – meist ein Zimmer oder sogar nur eine Ecke in einem Raum des Hauses, in dem sie leben – und ein „Streifgebiet“, das aus einer verschiedenen Anzahl mehr oder weniger regelmäßig besuchter Örtlichkeiten besteht, die durch ein engmaschiges Wegenetz miteinander verbunden sind. Jeder Quadratmeter der unmittelbaren Umgebung des Heimes erster Ordnung, wie beispielsweise das Haus und der Garten, sind der ansässigen Katze genau bekannt. Sie hat dort verschiedene Plätze zum Ausruhen, Sonnenbaden oder als Beobachtungsposten usw. Außerhalb dieses begrenzten Heimgebietes führen verschiedene Pfade zu Jagd-, Ranz-, Streit- und Kampfplätzen. Die Gebiete zwischen den Wegen werden selten, wenn überhaupt, benutzt. Im Unterschied zu ihren wilden Verwandten dürfen Hauskatzen ihre eigene Bevölkerungsdichte nicht selbst bestimmen oder kontrollieren. In der Regel dürfen sie auch ihr Heim erster Ordnung nicht selbst wählen. Daher haben sich auch ihre Verhaltensweisen im Laufe der Domestikation in verschiedener Hinsicht gewandelt. So stehen Hauskatzen einander nicht ganz so ablehnend gegenüber wie ihre wilden Verwandten und in den meisten Fällen können sie auch dazu gebracht werden, einen Heimbezirk oder sogar das Heim erster Ordnung mit einer oder mehreren anderen Katzen zu teilen.

Bei größerer Populationsdichte überschneiden sich auch in der Regel die Wegenetze benachbarter Katzen. „Überschneiden“ heißt in diesem Fall gemeinsame Nutzung der Pfade und auch der Jagdgebiete sowie manchmal auch anderer bevorzugter Stellen: Plätze zum Sonnenbaden oder Beobachtungsposten. Doch bedeutet im Allgemeinen die gemeinsame Nutzung nicht gleichzeitige Benutzung. In ihrem Tagesablauf vermeiden die Tiere persönliche Begegnungen, und selbst Katzen, die ihr Heim miteinander teilen, bleiben draußen meist für sich.

Katzen scheinen ihre Verkehrsregelung visuell abzuwickeln. Man kann oft beobachten, dass eine Katze einer anderen, die in einiger Entfernung (ca. 25 bis 100 m) einen Pfad entlanggeht, mit den Blicken folgt, bis sie außer Sichtweite ist. Wartet man lange genug, so kann man meist sehen, wie die Beobachterin nach einer Weile den gleichen Pfad entlanggeht. Gelegentlich beobachtete Leyhausen zwei Katzen, die sich einer Art Katzen-Wegkreuzung von verschiedenen Richtungen her näherten. Wären sie weitergegangen, hätten sie sich fast genau an der Kreuzung getroffen.

Beide hockten sich hin und starrten einander an. Von Zeit zu Zeit schauten sie „geflissentlich“ weg. In solchen Fällen wird der Bann schließlich gebrochen: Eine Katze bewegt sich weiter auf die Kreuzung zu – und zwar zuerst zögernd, dann in etwas beschleunigtem und schließlich in hastigem Tempo, sobald sie an der anderen Katze vorbei ist; oder beide ziehen sich nach einer Weile fast gleichzeitig dahin zurück, woher sie gekommen sind.

Im Unterschied zu geselligen Tierarten gibt es unter den Hauskatzen äußerst selten Rangordnungskämpfe. Das liegt daran, dass die in Revier-Grenzkämpfen gewonnene Überlegenheit nur eine lokale und oft auch nur zeitweise Bedeutung hat, nicht aber zu einer unbedingten Dominanz führt. Als Beispiel führt Leyhausen folgende Beobachtung an: „Zwei Katzen hatten ihre ‘Heime erster Ordnung’ in zwei nebeneinander liegenden Zimmern. Die im Allgemeinen überlegene hatte Junge, was ihre Stellung noch stärkte. Sie wollte in das der anderen Katze ‘gehörende’ Nebenzimmer hinüberwechseln, aber ihre Nachbarin saß auf der Türschwelle. Als sie versuchte vorbeizugehen, spuckte die schwächere nach ihr und versperrte ihr den Weg. Die ranghöhere nahm diese Herausforderung nicht an, sondern zog sich etwas zurück und wartete. Erst als die Türschwelle von der anderen geräumt war, ging sie hinüber, und die Nachbarin ließ sie nun auch ungehindert gewähren. Ebenso wird im Allgemeinen eine überlegene Katze eine unterlegene nicht vertreiben, wenn diese bereits deren Lieblingsplatz oder Beobachtungsposten eingenommen hat“ (Lorenz u. Leyhausen 1968, S. 148 f.).

Das soziale Verhalten der Katzen ändert sich aber drastisch, wenn sie in großer Anzahl und Dichte in einem Käfig gehalten werden. Je überfüllter der Käfig ist, desto stärker wird die Hierarchie. Schließlich entwickelt sich ein Tier zum Despoten; einige Tiere lassen sich ständig von den anderen mitleidlos drangsalieren und zur Verzweiflung treiben; sie zeigen regelrecht neurotische Symptome verschiedenster Art. Der Rest der Käfiginsassen verwandelt sich in einen bösartigen Mob: Die Spannung unter ihnen lässt nie nach, sie sehen niemals zufrieden aus, ständig wird irgendwo gefaucht, geknurrt und sogar gekämpft. Alles Spiel erstirbt, jede Bewegung und Tätigkeit wird auf ein Minimum herabgesetzt, wenn solche in Freiheit solitär lebende Tiere auf diese Weise auf engen Raum zusammengepresst werden. Aus diesem Grunde sind sie eher zu einer engen Freundschaft mit Menschen fähig als mit ihren eigenen Artgenossen. Ein Mensch mit ausreichenden Kenntnissen und mit Verständnis kann nämlich die ganze soziale Anziehungskraft eines ihrer Artgenossen ausüben, ohne unbedingt dessen abstoßende Züge zu haben (Lorenz u. Leyhausen 1968, S. 154 f.). Manche

Verhaltensforscher führen diese Anziehungskraft einfach auf die Größe des Menschen zurück, die bewirkt, dass die Katze durch den menschlichen Körperkontakt mehr Wärme empfängt als durch den Kontakt mit ihren Artgenossen. Für unsere Katzen sind wir deshalb eine Art von Superkatzen.

Literatur

Aldrovandi, U.: De quadrupedibus digitatis viviparis libri tres et de quadrupedibus digitatis oviparis libri duo Bartholomaeus Ambrosinus collegit. Bologna 1637.
Amodeo, F.: Die Katze. Köln 1992.
Aristoteles: Tierkunde. Hrsg. u. übertr. von Paul Gohlke. Paderborn 1949.
Barrow, J./Tipler, F.: The Anthropic Cosmological Principle. Cambridge 1985.
Bernardo de Sandoval y Rojas: Historia de los animales mas recebidos en el uso de medicina. Madrid 1613.
Bewick, Th.: A General History of Quadrupeds. London 1811.
Bobis, L.: Die Katze. Geschichte und Legende. Leipzig 2001.
Boswell, J.: The Life of Samuel Johnson. Vol. II. London 1909.
Brehm, A. E.: Brehms Thierleben. Allgemeine Kunde des Thierreiches. 2. Aufl., 1. Bd. Leipzig 1876.
Brugsch, H.: Die ältesten Dokumente über die Katze. Zeitschrift für Ethnologie, Bd. 21, 1889.
Buffon: Œuvres complètes. Histoire naturelle des quadrupèdes. Tom. I, 2. partie. Paris 1847.
Buffon's sämmtliche Werke samt den Ergänzungen, nach der Klassifikation von G. Cuvier. Einzige Ausgabe in deutscher Übersetzung von H. J. Schaltenbrand. Vierfüßige Tiere. Erster Band, 2. Aufl. Cöln 1847.
Caesarius von Heisterbach: Die Fragmente der Libri VIII Miraculorum des Caesarius von Heisterbach, hrsg. von A. Meister, in: Römische Quartalsschrift für christliche Altertumskunde und für Kirchengeschichte, 13, Rom 1901.
Cardano, G.: De rerum varietate. Avignon 1558.
Cassius Felix: De medicina. Hrsg. von V. Rose. Leipzig 1879.
Celsus, A. C.: De medicina. Libri octo. Cura et studio Th. J. ab Almeloveen. Lugduni Batavorum 1730.
Champfleury, J.: Les Chats. Paris 1869.
Cicero, M. T.: Opera Omnia. Lugduni 1588.
Clutton-Brock, J.: Domesticated Animals. British Museum of Natural History, London 1981.
Conway, W. M.: Dawn of Art in the Ancient World. London 1891.
Damjan, M. und R. Schilling: Mau Mao Miau. Die Katze durch die Jahrtausende. Mönchaltdorf/Zürich 1969.
Dandolo, A.: Chronicum Venetum. Hrsg. von L. A. Muratori, Rerum italicarum scriptores, XII, 1727.
Darwin, Ch.: Das Variiren der Thiere und Pflanzen im Zustande der Domestication. I. Bd. Stuttgart 1878.
Davis, S. J. M.: The Archaeology of Animals. London 1987.
Denis, B.: Contribution à l'étude du ronronnement chez le chat sauvage. Aspects morphofonctionnels, acoustiques et éthologiques. Maison Alfort 1969.
Description de l'Egypte. Publiée par les ordres de Napoléon Bonaparte. Reprint Köln 2002.
Diderot, D. und J.-B. d'Alembert: Encyclopédie ou dictionnaire raisonné des sciences, des arts et des métiers. Paris 1751–1772.

Diodor: Historische Bibliothek. Frankfurt 1782–1787.

Dupebe, J.: La diététique et l'alimentation des pauvres selon Sylvius, in: Pratiques et discours alimentaires à la Renaissance. Actes du colloque de Tours, März 1979. Paris 1982.

Einstein, A. und M. Born: Briefwechsel 1916 bis 1955. Reinbek bei Hamburg 1969.

Flourens, P.: Recherches experimentales sur les propriétés et les fonctions du système nerveux dans les animaux vertébrés. Seconde Edition. Paris 1842.

Flower, R.: The Irish Tradition. Oxford 1947.

Fournier, D.: Sylvestre le chat? Aliments et perception du „sauvage" en Basse-Andalousie, in: Techniques et cultures 27, Januar bis Juni 1996.

Fumagalli, G.: Popolarità dei gatti, in: L'Illustrazione italiana 17. 1980.

Gaddesden, J.: Joannis Anglici praxis Medica Rosa Anglica dicta. Augsburg 1595.

Gervasius von Tilbury: Otia imperialia, hrsg. v. F. Liebrecht. Hannover 1856.

Gibertus Anglicus: Compendium medicinae. Lyon 1510.

Goscelin de Sant-Berthin: Liber confortatorius, in: Analecta monastica, hrsg. v. C. H. Talbot. Rom 1955.

Gribbin, J.: Schrödingers Kätzchen und die Suche nach der Wirklichkeit. Frankfurt a. M. 1996.

Guillaume d'Auvergne: Tractatus de fide et legibus, in: Opera Omnia. Orléans 1674.

Hansen, J.: Quellen und Untersuchungen zur Geschichte des Hexenwahns und der Hexenverfolgung im Mittelalter. Bonn 1901.

Hehn, V.: Kulturpflanzen und Haustiere in ihrem Übergang aus Asien nach Griechenland und Italien sowie in das übrige Europa. Historisch-linguistische Studien. Hrsg. v. Otto Schrader. Mit botanischen Beiträgen von Adolf Engler und Ferdinand Pax. Berlin 1911.

Heinrich von Herford: Liber de rebus memorabiliaribus. Hrsg. von A. Potthast, Göttingen 1855.

Hendrickson, R.: British Literary Anecdotes. New York 1990.

Herodots Geschichte. Aus dem Griechischen übers. v. J. F. Degen. Wien 1794.

Hoffmann, E. T. A.: Werke. Neunter Teil. Lebensansichten des Katers Murr. Berlin, Leipzig, Wien, Stuttgart o. J.

Hoffmann, W. P.: Katzen. München 1980.

Horn, P.: Vita magistri Gerardi Magni, hrsg. v. W. J. Kuhler, Nederlands Archief voor Kerkgeschiedenis nova series 6, 1909.

Howard, M. M.: Dried Cats. London 1951.

Hue, J.-L.: Katzen. Düsseldorf 1984.

Jones, H.: Animal Remains found during the Excavations (at Silchester). Archaeologia, London 53, 23–26; 59, 333–370; 60, 149–168.

Juvenal: Satiren. München, Zürich 1993.

Leyhausen, P.: Katzen, eine Verhaltenskunde. 5., neubearb. Aufl. Berlin, Hamburg 1979.

Lorenz, K.: So kam der Mensch auf den Hund. 30. Aufl. München 1991.

Lorenz, K. und P. Leyhausen: Antriebe tierischen und menschlichen Verhaltens. München 1968.

Lorry, Ch.: Mémoires des savans étrangers, in: Mémoires de Mathematique et de Physique presentés à l'Academie Royale des sciences. Tom. III 1760.

Malek, J.: The Cat in Ancient Egypt. Philadelphia 2000.

Martin, J. und J. C. Suares: Scarlett Saves Her Family. New York 1997.

Masson, J. M.: Katzen lieben anders. München 2003.

Mery, F.: Le chat. Sa vie, son histoire, sa magie. Pont Royal (Del Duca/Laffont) 1966.

Michel, G.: Das Buch der Katzen. Weimar o. J. (ca. 1870).

Montaigne, M. de: Essais. Frankfurt a. M. 1998.

Morris, D.: Catwatching. Die Körpersprache der Katze. München 2000.

Neuburger, M.: Die historische Entwicklung der experimentellen Gehirn- und Rückenmarksphysiologie vor Flourens. Stuttgart 1897.
Nollet, J. A.: Physikalische Lehrstunden. Sechster Teil. Nach der vom Herrn Verfasser selbst durchgesehenen Pariser Ausgabe übersetzt. Erfurt 1766.
Nork, F.: Populäre Mythologie, oder Götterlehre aller Völker. Stuttgart 1845.
Oeser, E.: System, Klassifikation, Evolution. Historische Analyse und Rekonstruktion der wissenschaftstheoretischen Grundlagen der Biologie. 2. Aufl. Wien 1996.
Oeser, E.: Epistemological Problems of Measurement in Quantum Mechanics and the Appearance of the Classical World of Macroscopic Objects, in: Greenberger, D., W. L. Reiter and Anton Zeilinger (ed.): Epistemological and Experimental Perspectives on Quantum Physics. Dortrecht, Boston, London 1999, S. 199–209.
Oeser, E.: Geschichte der Hirnforschung. Von der Antike bis zur Gegenwart. Darmstadt 2002.
Oeser, E.: Historische Erdbebentheorien von der Antike bis zum Ende des 19. Jahrhunderts. Abhandlungen der Geologischen Bundesanstalt. Band 58. Wien 2003.
Oeser, E.: Hund und Mensch. Die Geschichte einer Beziehung. Darmstadt 2004.
Palladius: Opus agriculturae. Leipzig 1975.
Paradis de Moncrif: Les Chats. Paris 1727.
Plinius: Historia naturalis. 2 Vol. Paris 1741.
Poe, E. A.: Geschichten des Grauens. München 1969.
Pollard, M.: Katzen. Rasse, Pflege, Geschichte. Köln 2003.
Reichenbach, A. B.: Praktische Naturgeschichte des Menschen und der Säugetiere. Leipzig 1855.
Sackarndt, P. (Hrsg.): Katzen. München 1930.
Schär-Manzoli, M.: Wurm-Delikatessen, in: Orizzonti/Mitteilungen. März 1996.
Schleidt, W.: Wie der Computer „Miau“ auf deutsch übersetzt, in: Kreuzer, F. (Hrsg.): Nichts ist schon dagewesen. Konrad Lorenz, seine Lehre und ihre Folgen. München, Zürich 1984, S. 137–155.
Schrödinger, E.: Die gegenwärtige Situation der Quantenmechanik, in: Baumann, K., R. U. Sexl (Hrsg.): Die Deutungen der Quantenmechanik. Braunschweig, Wiesbaden 1984.
Spina, B.: Quaestio de strigibus. Rom 1576.
Sprenger, J. und H. Institoris: Der Hexenhammer (1486/87). Reprint München 1982.
Strupp, J.: Anchorae famis. Frankfurt 1582.
Tabor, R.: Katzen. Der Siegeszug der Katzen. Mürlenbach 1996.
The Black Book of Admiralty. Hrsg. v. T. Twiss. London 1871–1876.
The Wonderful Discoverie of the Witchcrafts of Margaret and Phillip Flower, Daughters of Joan Flower neere Beuer Castle: executed at Lincolne, March 11. 1618. Printed at London 1619.
Tournefort, J. P. de: Relation d'un Voyage du Levant, fait par ordre du Roy. Amsterdam 1718.
Verne, J.: De la Terre à la Lune. Paris 1894.
Vigne, J.-D., J. Guilaine, K. Debue, L. Haye und P. Gerard: Early Taming of the Cat in Cyprus, in: Science, Vol. 304, Issue 5668, p. 259, 9. April 2004.
Virchow, R.: Herkunft und Geschichte der Hauskatze. Zeitschrift für Ethnologie, Bd. 21, 1889.
Weinhold, K. A.: Versuche über das Leben und seine Grundkräfte, auf dem Wege der Experimentalphysiologie. Magdeburg 1817.
Weir, H.: Our Cats and All about Them. London 1889.
Wilson, E.: Diary of the 'Terra Nova' Expedition to the Antarctic 1910–1912. London 1972.
Zeuner, F. E.: Geschichte der Haustiere. München, Basel, Wien 1967.

Register

Namen

Sachen